AFFAIRES RÉSOLUES
À L'OMBRE DU POIRIER

Bibliothèque Albin Michel
Idées

Shi Po

AFFAIRES RÉSOLUES À L'OMBRE DU POIRIER

(Tang Yin Bi Shi)

Un manuel chinois de jurisprudence
et d'investigation policière du XIIIe siècle

Texte anglais établi par Robert Van Gulik,
traduit et annoté par Lisa Bresner
et Jacques Limoni

Albin Michel

Note de l'éditeur

L'édition du *Tang Yin Bi Shi* proposée par Robert Hans Van Gulik dans la série des *Sinica Leidensia* publiée par Brill en 1956 est un ouvrage de sinologie, comportant de nombreux idéogrammes ainsi que des fac-similés des différentes éditions que ce texte chinois a connues.

Afin de faciliter la lecture de ce document exceptionnel, nous avons pris le parti d'opérer certaines coupures dans l'introduction fort savante de R. Van Gulik et de proposer l'ensemble du dossier philologique (préfaces, postface, colophon) en ouverture aux « Affaires ».

Lisa Bresner a complété cette édition par un lexique des termes chinois, une note sur les privilèges du mandarinat ainsi qu'une bibliographie.

Jacques Limoni a traduit les pages 11 à 61 et Lisa Bresner a traduit et adapté les cent quarante-quatre affaires, de la page 63 à 242.

*

Titre original :

T'ANG-YIN-PI-SHIH

Parallel Cases from under the Pear-Tree
A 13th Century Manual of Jurisprudence and Detection
translated from the Original Chinese with an Introdution and Notes
by R. H. Van Gulik

22, rue Huyghens, 75014 Paris

www.albin-michel.fr

ISBN : 2-226-13157-4
ISSN : 1158-4572

Avant-propos
par Lisa Bresner

« Le juge Ti, c'est moi ! »

Robert Hans Van Gulik avait déjà traduit, en 1949, *Trois Affaires criminelles résolues par le juge Ti*, un roman chinois anonyme du XVIIIe siècle qu'il publia à Tokyo en édition limitée à 1 200 exemplaires[1]. Si le diplomate hollandais s'est tout d'abord inspiré de ces enquêtes de l'époque de la dynastie des Tang pour écrire ses premiers romans policiers, le *Tang Yin Bi Shi* lui offrit un grand nombre de trames, de tableaux et de canevas dont il se servira pour multiplier les volets de sa série. Après ses séjours au Japon et en Inde, toujours avide de trouver de nouvelles intrigues pour le héros auquel il s'identifiait, il poursuit son investigation à La Haye où il est nommé à partir de 1953 directeur de l'Afrique et du Proche-Orient au ministère des Affaires étrangères. L'infatigable sinologue commentera avec humour cette mutation : « Les directeurs étant ordinairement mutés au bout de trois ans, j'aurai donc tout le temps d'être opéré des yeux[2]. »

Ce début de cataracte ne l'empêche pas de se pencher avec une minutie d'orfèvre sur le texte chinois des cent quarante-quatre cas du recueil qu'il a découvert. L'année de la parution des *Affaires résolues à l'ombre du poirier*, Robert Van Gulik est nommé ministre plénipotentiaire à Beyrouth. Deux ans plus tard, il achève ce qu'il croit être les dernières enquêtes du juge Ti, où il décrit le début et

1. Paris, Christian Bourgois, 1987.

2. C. D. BARKMAN et H. DE VRIES, *Les Trois Vies de Robert Van Gulik, une biographie*, Paris, Christian Bourgois, 1997, p. 236.

la fin de la carrière du célèbre magistrat. Il rédige *Trafic d'or sous les Tang* et *L'Énigme du clou chinois* en six semaines, et pense ainsi mettre un terme à sa carrière d'auteur de romans policiers. Cependant, douze autres volumes suivront et, à la veille de sa mort, c'est à son nouveau roman qu'il consacrera ses dernières forces. *Assassins et poètes* sera publié à titre posthume, tandis que le premier tirage, imprimé à Tokyo, de son ouvrage sur les gibbons en Chine[1] ne lui parviendra pas à temps. Il succombera à l'âge de cinquante-sept ans d'un cancer du poumon, sans avoir vu les ultimes fruits d'une vie qu'il avait placée sous le signe de la plus efficace des mobilités.

Dès l'enfance, il a dressé sa langue à se mouvoir avec aisance. Outre son néerlandais natal, l'allemand, l'anglais, le français et le chinois dont il se servait pour traduire ses propres ouvrages, il possédait aussi le japonais, le malais, le sanskrit, le tibétain et le coréen. La main du diplomate répondit à son esprit et elle se montra vive et studieuse ; quand l'homme des quartiers réservés de Pékin ne pinçait pas les cordes de son luth, auquel il consacra un essai[2], l'amateur traduisait des traités érotiques. Le pinceau qu'il avait entre les doigts copia des milliers d'idéogrammes, des gravures anciennes et signa des livres inattendus[3].

> « Depuis quinze ans, la création de ces romans [les enquêtes du juge Ti] est devenue un élément essentiel de mon existence, aussi nécessaire que mes recherches. Sans ces recherches, je n'aurais pu poursuivre ma carrière diplomatique, qui ne vous confronte qu'à des questions dont l'intérêt est temporaire. La recherche, au contraire, a des résultats durables, même les fautes, car elles peuvent servir de leçon [...]. Le roman, lui, laisse la bride sur le cou à l'imagination

1. *The Gibbon in China. An essay in Chinese Animal Lore*, Leyde, Brill, 1967.

2. *The Lore of the Chinese Lute ; an essay in ch'in ideology*, Monumenta Nipponica Monographs, vol. 3, Tokyo, Sophia University, 1941.

3. Je pense notamment au roman qu'il écrivit en 1964, *Le Jour de grâce*, très différent des enquêtes du juge Ti. L'intrigue se déroule à Amsterdam, en l'espace de vingt-quatre heures. Allusions au zen, des dessins géométriques, où apparaît parfois une silhouette féminine, ponctuent ce récit dont le héros est un ancien fonctionnaire colonial hollandais rapatrié après la Seconde Guerre mondiale.

[…]. Écrire un roman, c'est le troisième volet du triptyque de mon travail, une détente qui me permet de continuer à m'intéresser à la diplomatie et à la recherche. »

« Le juge Ti, c'est moi ! » aurait-il dit. Si nous pouvons lire à présent ses enquêtes et *Les Affaires résolues à l'ombre du poirier,* l'œuvre de Robert Van Gulik recèle encore des volumes d'énigmes à découvrir[1].

1. Parmi les dix-huit essais de Robert Van Gulik, seul son ouvrage consacré à *La Vie sexuelle dans la Chine ancienne* a été traduit en français (Paris, Gallimard, 1971). Voir la bibliographie en fin d'ouvrage.

Préface

Le *Tang Yin Bi Shi*, ou *Affaires résolues à l'ombre du poirier*, est un choix de cent quarante-quatre affaires civiles et criminelles, couvrant une période de près de quatorze siècles, de 300 avant Jésus-Christ jusqu'à l'an Mil de notre ère. Réalisée en 1211, cette compilation est l'œuvre d'un certain Gui Wanrong, lettré et fonctionnaire sous la dynastie des Song du Sud. Livre représentatif des recueils d'affaires chinois à l'ancienne, il appartient à un genre de littérature juridique qui, jusque dans les temps récents, a joui d'une grande popularité parmi les pairs de l'auteur.

Si l'on veut comprendre pourquoi ce type de livre était si populaire, il faut se souvenir que, suivant la tradition confucianiste, le droit civil et criminel ainsi que son application sont un sujet fâcheux pour la simple raison qu'il doit son existence aux failles d'un ordre social qui devrait en être exempt. L'État idéal est celui où le souverain gouverne par le non-gouvernement ; assis sur son trône face au Sud, plongé dans sa méditation, il sert de lien entre le Ciel et la Terre. Il assure la paix et l'ordre « sous le Ciel » par la seule aura de sa vertu. Aussi les confucéens étaient-ils fermement convaincus que les lois et les instruments de leur mise en œuvre n'étaient que les phénomènes déplorables d'une époque de décadence – des choses empestant la vulgarité qu'un lettré et fonctionnaire aux goûts raffinés eût préféré ignorer. C'est à lui que s'applique ce dicton souvent cité : « On ne lit pas le Code. »

D'un autre côté, la quasi-totalité des lettrés et des fonctionnaires commençaient leur carrière comme magistrats de district, et l'administration de la justice représentait une part importante de leurs tâches quotidiennes. Les concours de recrutement – que l'on n'a pas tort de présenter comme des « examens de lettres » dans les publications occidentales – les préparaient mal à ce travail : le programme normal tournait autour des Classiques ; le droit était un champ d'études que n'abordaient qu'un nombre relativement réduit de spécialistes, qui, une fois diplômés, étaient en général affectés à l'une des hautes instances judiciaires de l'administration centrale. Les fonctionnaires provinciaux de base n'avaient qu'une connaissance superficielle du sujet.

Pour ceux-ci, les recueils d'affaires étaient un abrégé utile leur permettant d'acquérir une connaissance générale du Code pénal et des moyens de le faire respecter, mais aussi de quelques éléments de jurisprudence et d'enquête criminelle. En particulier sous les Ming et sous les Qing, avec la spécialisation croissante des études juridiques, ces recueils étaient une aubaine pour le jeune magistrat. Concis, rédigés dans une langue élégante, ils exposaient des problèmes juridiques compliqués sous une forme plaisante et facile à assimiler. Le fait même que les crimes décrits eussent été commis dans un lointain passé et eussent été jugés par des hommes éminents avait tendance à faire oublier la vulgarité du sujet et à lui prêter une saveur antique non dépourvue de charme. Ainsi les recueils d'affaires offraient-ils au lettré-fonctionnaire inexpérimenté une lecture à la fois utile et agréable, mais aussi en accord avec les goûts littéraires consacrés.

La fin de la dynastie Qing, en particulier, vit la publication de grands recueils d'affaires contemporaines tels que le volumineux *Xing An Hui Lan* et le *Xing Bu Bi Zhao.* Mais ces ouvrages étaient par trop techniques et trop récents pour séduire le magistrat de campagne ordinaire ; ils ne pouvaient prétendre à une popularité comparable à celle des recueils d'antan, consacrés par les ans et les noms illustres des juges d'autrefois. Ainsi, en 1878, le tribunal de Wuchang pouvait-il encore réimprimer un manuel du XIIe siècle, le *Zhe Yu Gui Jian*, à des fins officielles.

Ces anciens recueils sont également importants pour qui étudie aujourd'hui le droit chinois. Le Code pénal, dans ses diverses rédactions au fil des siècles, ainsi que les sections judiciaires des *Histoires dynastiques* offrent pléthore de matériaux pour étudier la théorie du droit chinois, le développement historique du système légal ou l'application et l'interprétation de la loi dans les hautes sphères du gouvernement. Les recueils nous livrent de précieuses données complémentaires. Ils nous disent comment la loi était appliquée aux échelons inférieurs de l'administration, et comment la théorie juridique fonctionnait en pratique pour le commun des mortels. Ils présentent un tableau vivant et sans fard des tâches courantes du magistrat de campagne, du genre d'affaires portées devant son tribunal et de la manière dont il les traitait. Ce sont donc des sources d'autant plus précieuses pour des études judiciaires et sociologiques que leurs compilateurs ont recherché l'authenticité : ils ont retenu les seules affaires dont on pouvait être relativement sûr qu'elles avaient réellement eu lieu et dont tous les protagonistes étaient cités nommément. Aussi n'ont-ils choisi aucune des affaires plus ou moins théoriques rapportées par Dong Zhongshu, philosophe de l'époque des Han, actif autour de 150 avant J.-C., ni les sujets d'examen de droit rapportés par des auteurs de l'époque des Tang comme Bo Juyi (772-846) et Yuan Zhen (779-831), alors même qu'ils s'appuyaient sans doute bien souvent sur des affaires réelles[1].

De surcroît, ces recueils ont joué un rôle propre dans l'histoire littéraire de la Chine parce que les romanciers chinois et les auteurs de fiction en général les ont étudiés avidement. Dans leur quasi-totalité, les intrigues des romans policiers de l'époque Ming et des dynasties suivantes ne font qu'élaborer des thèmes empruntés à ces anciens recueils[2].

Enfin, ces derniers, et plus particulièrement le *Tang Yin Bi Shi*, ont été également employés en Corée et ont connu une popularité considérable dans le Japon des Tokugawa. Le *Tang Yin Bi Shi* fut réédité en Corée et, au début du XVIIe siècle, au Japon, puis traduit en japonais. C'est l'un des plus anciens recueils d'affaires préservés, les deux autres étant le *Yi Yu Ji*, ou *Recueil des affaires*

---

1. Dans *Le Droit chinois*, Pékin, 1936, p. 279 sq., Jean ESCARRA a traduit sept affaires rapportées par Dong Zhongshu. Pour une traduction de sujets d'examen donnés par Bo Juyi et Yuan Zhen, cf. R. DES ROTOURS, *Traité des Examens*, Paris, 1932, p. 289 sq.

2. Voir les notes aux affaires 16-B et 66-B.

difficiles, compilé autour de 950, et le *Zhe Yu Gui Jian*, ou *Miroir magique pour élucider les affaires judiciaires*, de 1133.

En choisissant de traduire le *Tang Yin Bi Shi*, je me suis laissé guider par trois raisons. En tout premier lieu, ce recueil a été mieux conservé que les deux autres. Le *Yi Yu Ji* et le *Zhe Yu Gui Jian* ont été révisés de fond en comble sous les Ming ; ce faisant, le premier n'a gardé de sa forme originelle que les grandes lignes, tandis que le second a été tellement surchargé de matériaux supplémentaires qu'on discerne mal le dessein de l'auteur. En revanche, le *Tang Yin Bi Shi* nous est parvenu sous la forme de deux reprints de l'édition originale parue sous les Song, auxquels il faut ajouter un reprint d'une édition Yuan d'un manuscrit antérieur aux éditions des Song. En deuxième lieu, comme Gui Wanrong assit son travail sur les versions non remaniées des deux autres ouvrages, son recueil reprend les traits essentiels des deux. En troisième et dernier lieu, tandis que le *Yi Yu Ji* classe *grosso modo* les affaires dans l'ordre chronologique sans considération de leur contenu, et que le *Zhe Yu Gui Jian* les divise en plus de vingt catégories juridiques assez vagues, le *Tang Yin Bi Shi* présente les affaires sous forme de parallèles ; en lui-même, le choix des affaires associées apporte souvent des indications intéressantes sur l'ancienne conception chinoise du droit civil et du droit criminel.

Le *Tang Yin Bi Shi* contient diverses affaires qui projettent des lumières intéressantes sur des problèmes juridiques tout en constituant d'excellentes histoires policières et en apportant des solutions claires et nettes à des affaires difficiles. En revanche, il est aussi de nombreuses discussions qui paraissent tenir de la chicanerie absurde, voire du sophisme pur et simple, tandis que quelques affaires traitent de sujets sans grand intérêt pour le spécialiste moderne. Sans doute un nouveau choix parmi toutes les affaires rapportées dans le *Tang Yin Bi Shi*, le *Yi Yu Ji* et le *Zhe Yu Gui Jian* rendrait la lecture beaucoup plus profitable et intéressante. En guise de première introduction à ce genre de publication juridique chinoise bien particulier, il m'a paru cependant indiqué de donner une traduction intégrale et fidèle d'un recueil entier. On espère que d'autres spécialistes de la question traiteront le sujet de manière plus systématique que les anciens compilateurs. La première étape consisterait à éplucher la biographie de tous les juges éminents d'une époque, puis à traduire les affaires les plus importantes résolues par eux. Dans une telle optique, il conviendrait ensuite d'expliquer en détail le cadre historique et sociologique de chacune des affaires.

Les affaires recueillies dans ce volume couvrant près de quatorze siècles, une étude fouillée de chacune d'elles nous obligerait à sortir largement du cadre qui est le nôtre. Le contexte historique et juridique diffère si largement d'une affaire à l'autre que prétendre approfondir ces aspects reviendrait à vouloir découper un poulet avec un couteau de boucher, comme dit le proverbe. De surcroît, comme le *Tang Yin Bi Shi* est un texte du XIIIe siècle, le choix même de le traduire intégralement, plutôt que de fabriquer un patchwork de citations puisées à différentes sources, oblige à l'interpréter essentiellement du point de vue d'un auteur du XIIIe siècle. De fait, Gui Wanrong voyait largement les institutions et grades anciens comme ceux de son temps ; il est fort douteux qu'il ait mesuré combien la fonction du *yushi* de l'époque des Han différait de celle du « censeur » de son temps. Il en va de même pour les autres termes géographiques et administratifs. Au fil de la traduction, je ne me suis donc efforcé de rendre les connotations contemporaines de ces termes que lorsque cela était nécessaire à la bonne intelligence de l'affaire ; pour le reste, je me suis conformé aux usages désormais consacrés par les sinologues afin de rendre certains mots de l'époque des Han : ainsi quand ils traduisent *jun* par « commanderie ».

Dans les notes ajoutées à chacune des affaires, je me suis limité à trois types d'observations. Premièrement, la vérification de la source. Il est curieux qu'aucun des éditeurs chinois et japonais ultérieurs du *Tang Yin Bi Shi* ne se soit donné la peine d'effectuer ce travail, alors même que nombre de ces sources devaient leur être aisément accessibles ; plus d'une fois, le retour aux sources m'a permis de rétablir un passage corrompu ou de combler des lacunes. Deuxièmement, quelques détails sur les principaux personnages, essentiellement afin d'établir la date des faits. Et troisièmement, un commentaire succinct quand celui-ci paraît nécessaire.

J'ai également accompagné ma traduction d'une introduction consacrée à l'histoire et au contexte de ce recueil : je présente tour à tour le *Tang Yin Bi Shi* et son auteur, puis d'autres recueils d'affaires tels que le *Yi Yu Ji* et le *Zhe Yu Gui Jian*, avant d'exposer à grands traits la procédure judiciaire dans la Chine ancienne.

Ces quelques remarques suffisent à présenter l'ouvrage au lecteur. Si celui-ci trouve futiles nombre des arguments invoqués dans ces affaires, si les méthodes qu'emploient les juges lui paraissent souvent grossières, voire arbitraires, qu'il se souvienne que les recueils comme le *Tang Yin Bi Shi* ont été pendant plus d'un millénaire les livres de chevet des magistrats et, pour le meilleur ou pour le pire, ont influencé le destin de millions et de millions d'hommes. Ne serait-ce que pour cette raison, ces ouvrages méritent notre attention.

R. H. Van Gulik
La Haye, printemps 1955

Introduction

Le *Tang Yin Bi Shi* et son auteur

Gui Wanrong (vers 1170-vers 1260), l'auteur du *Tang Yin Bi Shi*, est mieux connu sous son nom de plume de Shi Po. Il était issu d'une éminente famille de Ci Xi, dans la province du Zhejiang, au nord du port de Ningbo, ancienne plaque tournante du commerce de la Chine avec la Corée et le Japon. Au sud-ouest du port s'élève la chaîne de montagnes de Siming, dont le nom est souvent employé pour désigner le port lui-même et ses environs.

Gui Wanrong vécut sous la dynastie des Song du Sud (1127-1279) ; il commença sa carrière officielle sous le règne de l'empereur Ning (1195-1224) et mourut à la fin du règne de son successeur Li Zong (1225-1264). Tout au long de cette époque, les armées des Song menèrent une bataille perdue d'avance contre les envahisseurs mongols du nord. L'homme d'État Han Tuozhou, qui avait placé Ning Zong sur le trône, fut vaincu et exécuté en 1207 ; et Shi Miyuan (mort en 1233), son successeur en qualité d'« homme d'État derrière le trône », n'eut pas davantage de succès. À Li Nan (Hangzhou), la capitale des Song du Sud, et dans les provinces à l'écart du champ de bataille, la vie quotidienne suivait cependant un cours normal : il n'y a donc rien d'étonnant à ce que la carrière de Gui Wanrong n'ait pas été affectée par les temps critiques dans lesquels il a vécu. Il fit une carrière officielle modeste, débutant comme chef de police de district pour finir comme préfet. Les problèmes administratifs pratiques et la philosophie l'intéressaient davantage que les intrigues politiques et les manœuvres alors caractéristiques des hautes sphères de l'État.

Sa biographie étant absente de l'*Histoire dynastique des Song*, les détails qui suivent sont tirés de la notice figurant dans l'*Index de* son district natal de Ci Xi ainsi que d'indications glanées dans les préfaces et colophons de son *Tang Yin Bi Shi* ou *Affaires résolues à l'ombre du poirier.*

Dans sa jeunesse, Gui Wanrong étudia à l'école préfectorale où il se distingua par sa diligence. En 1196, il obtint le diplôme de *jinshi* aux examens triennaux, ce qui aurait dû lui valoir aussitôt un poste officiel. Pour on ne sait quelle raison, ce n'est qu'en 1207 qu'il fut affecté dans la préfecture de Rao (l'actuelle Boyang, dans la province du Jiangxi) et que lui furent confiées les modestes fonctions de chef de la police dans le district de Yugan, juste au sud de la ville préfectorale. D'après sa préface à la première édition du *Tang Yin Bi Shi*, c'est à Yugan qu'il commença de s'intéresser à l'administration de la justice et à l'élucidation des affaires criminelles. En 1208, il fut nommé inspecteur de police de l'administration préfectorale à Jiankang, près de Nankin. Ce n'était cependant qu'une affectation provisoire, et il dut attendre au moins trois ans, qu'il passa dans son district natal, avant de recevoir l'ordre de rejoindre son poste.

Il mit alors à profit ses loisirs pour étudier deux recueils d'affaires judiciaires : le *Yi Yu Ji (Recueil des affaires difficiles)*, composé au Xe siècle par He Ning et son fils He Mong, et le *Zhe Yu Gui Jian (Leçons tirées du passé pour juger des affaires judiciaires)*, de Cheng Ke, qui connut son heure de gloire vers 1130. Les deux ouvrages ayant été profondément remaniés sous les Ming, il est difficile de dire avec certitude lequel fut la principale source de Gui Wanrong. Dans sa préface, il affirme lui-même s'être surtout appuyé sur le premier et n'avoir utilisé le second que comme source complémentaire. En examinant attentivement le texte du *Tang Yin Bi Shi*, on constate que soixante-cinq des cent quarante-quatre affaires rapportées par l'auteur se trouvent dans les chapitres du *Yi Yu Ji* – plus précisément dans la partie du texte (quatre-vingt-dix-neuf affaires) portant les deux noms de He Ning et de He Mong ; par ailleurs, les cent quarante-quatre affaires du *Tang Yin Bi Shi* se retrouvent toutes dans le *Zhe Yu Gui Jian.* La conclusion est évidente : ce dernier recueil a été fortement augmenté au fil des siècles, ses éditeurs successifs y ajoutant de nombreuses affaires judiciaires tirées d'autres sources, y compris des *Affaires résolues à l'ombre du poirier*.

Les deux He et Cheng Ke s'étaient efforcés de n'inclure dans leurs recueils que les affaires dûment authentifiées. À cette fin, ils s'étaient appuyés sur les mêmes sources dignes de foi que les compilateurs des *Histoires dynastiques*, c'est-à-dire sur les inscriptions tombales composées[1] peu après le décès, sur les archives locales et les documents officiels. À l'occasion seulement He Ning et Cheng Ke y ajoutèrent des affaires qu'ils avaient glanées dans des textes plus anciens ou dont ils avaient eu connaissance par des contemporains en qui ils avaient toute confiance.

Gui Wanrong suivit ce même principe pour composer son recueil d'affaires judiciaires. Il n'est donc nullement étonnant que nombre des affaires survenues sous la dynastie des Song du Nord qu'il nous rapporte se retrouvent presque mot pour mot dans la section biographique de l'*Histoire officielle des Song*, compilée longtemps après sa disparition : l'un et l'autre utilisèrent les mêmes sources, aussi fiables qu'on peut raisonnablement l'espérer. Cela vaut particulièrement pour les inscriptions tombales *(peizhi)*, les récits de carrière *(wing zhuang)* et les « recueils des dits et des œuvres » *(yan xing lu)*. En général, ces récits étaient rédigés peu après la mort de la personne concernée et par des gens qui avaient une connaissance intime de leurs affaires. Dès lors qu'on les débarrasse d'une phraséologie traditionnelle aisément reconnaissable (du style, « dès sa prime jeunesse, il fut un brillant élève, capable d'apprendre par cœur une centaine de pages par jour », etc.), ce sont des biographies exactes.

La politique éditoriale adoptée par Gui Wanrong mêle les principes suivis par les deux He et par Cheng Ke. Les premiers font précéder chaque affaire d'une phrase-titre en quatre idéogrammes et disposent les affaires dans un vague ordre chronologique sans considération de leur contenu. Cheng Ke, pour sa part, fait précéder chaque affaire du nom de son principal protagoniste et

1. J'emploie à dessein le mot « composées » parce que, bien souvent, l'inscription était transcrite pour le graveur de la stèle par une autre personne, généralement un calligraphe bien connu.

range les affaires en une vingtaine de catégories suivant leur sujet : « L'innocent libéré » ; « Fausses accusations démasquées », etc. Visiblement, les deux He ont consigné les affaires sans autre commentaire et sans indiquer leur source, tandis que Cheng Ke y ajoute à chaque fois un commentaire de son cru tout en signalant brièvement ses sources.

Gui Wanrong a retenu du *Recueil des affaires difficiles* les phrases-titres en quatre idéogrammes, mais il a fait une innovation intéressante en classant ses cent quarante-quatre affaires deux par deux en sorte que leurs titres se répondent. Cheng Ke (ou un éditeur ultérieur) a ajouté à la plupart des affaires un ou plusieurs doublons qui ne diffèrent que par l'époque, le lieu et les personnes concernées. Gui Wanrong, en revanche, associe à chaque fois deux affaires très différentes, mais qui ont été résolues par le même raisonnement ou en appliquant les mêmes méthodes de détection. Si certains parallèles sont assez banals, le fait même qu'il ait retenu cette méthode prouve qu'il a beaucoup réfléchi à la question.

S'agissant des affaires choisies dans les *Leçons tirées du passé...*, Gui Wanrong a également repris dans quelques cas le commentaire de Cheng Ke (cf. affaires 11-A, 21-B, 34-A, 41-A, 42-B, 48-B, 53-A, 58-A, 59-B et 72-B). S'il s'est abstenu de tout commentaire personnel, à l'instar de Cheng Ke il indique lui aussi brièvement la source de la plupart des affaires.

Gui Wanrong acheva son ouvrage en 1211 et lui donna le titre de *Tang Yin Bi Shi*, que l'on peut traduire par « Affaires parallèles à l'ombre du poirier ». Une traduction plus prosaïque, mais aussi plus fidèle, donnerait « Affaires résolues par d'éminents juges », car *tang yin*, « à l'ombre du poirier », est une vieille allusion littéraire qui désigne un fonctionnaire juste et bienveillant (cf. *infra*). Dans sa préface, il souligne l'importance des fonctions du juge et met tout spécialement en garde contre des décisions hâtives – thème sur lequel il revient tout au long de son ouvrage. Et il ajoute qu'il a le projet de faire imprimer son manuscrit.

Si le *Tang Yin Bi Shi* est une compilation, plutôt qu'une œuvre originale, il atteste le dévouement de l'auteur à son travail et la haute idée qu'il avait des devoirs d'un juge, tant envers l'État qu'envers la population confiée à ses soins.

Sous les Song, l'art de l'imprimerie à la planche avait fait de grands progrès, mais la publication d'un livre imprimé demeurait une entreprise coûteuse ; pendant quelques années, le *Tang Yin Bi Shi* ne circula donc que sous la forme de manuscrits.

Son livre achevé, Gui Wanrong reçut enfin l'autorisation de rejoindre Jiankang pour y prendre ses fonctions d'inspecteur de police. La longue période d'attente avait été une désillusion amère, même pour un esprit philosophique comme Gui Wanrong, et ce d'autant plus que son diplôme de *jinshi* aurait dû lui valoir une promotion prioritaire. Il rumina sa rancœur de longues années. Il y fit même une allusion voilée en 1234, lorsqu'il fut reçu en audience par l'empereur (voir sa postface). Cependant, quel que fût son dépit, il ne voulut se résoudre à prendre des raccourcis pour accéder à de hauts postes politiques. Alors qu'il attendait de pouvoir prendre ses fonctions, le puissant homme d'État Shi Miyuan l'invita à rejoindre son état-major, mais il s'y refusa obstinément. Accepter, c'eût été prendre part à la vie politique de la capitale et donc ne craindre ni la flagornerie ni l'intrigue.

Avant de quitter Ci Xi, Gui Wanrong avait remis une copie de son manuscrit à son beau-frère, Zhang Fu, à l'époque en poste à Xinchang (au sud-ouest de Ningbo), chargé du maintien de la paix sous les ordres du commandant de Shaoxing. Zhang Fu était également natif de Ci Xi et avait obtenu son diplôme de *jinshi* la même année que lui ; de plus, tous deux étaient des disciples du philosophe Yang Jian. Le mariage de Zhang Fu avec la sœur de Gui Wanrong avait achevé de consolider ce qui devait être une amitié très étroite. S'il n'accéda pas à de hautes fonctions, Zhang Fu se tailla néanmoins la réputation d'un administrateur capable et juste et se fit connaître comme auteur (on trouvera sa biographie dans le chapitre 407 de l'*Histoire dynastique des Song*). Il est l'auteur d'un livre en douze chapitres, le *Commentaire des ordonnances mensuelles* (celles-ci constituant le chapitre IV du *Liji*, ou « Livre des rites »). Lorsque Gui Wanrong passa par Shaoxing pour rejoindre Nankin, Zhang Fu lui restitua le manuscrit agrémenté d'un colophon écrit pour lui « en guise de cadeau de séparation ». Dans ce colophon, daté de la fin de l'année 1211, il fait allusion à la longue période d'attente (*cinq* ans, assure-t-il) qui vient de s'achever pour son beau-frère.

Arrivé à Jiankang, Gui Wanrong prêta son manuscrit à un lettré par ailleurs inconnu de Fujian, Liu Li. Celui-ci écrivit une courte préface, datée de 1213, où il indique qu'il va faire imprimer le livre. Mais quelque chose devait empêcher la réalisation de son projet. Gui Wanrong n'en conserva pas moins la préface, afin de l'utiliser lorsque son manuscrit serait enfin imprimé. C'est tout ce que je sais de ce Liu Li, mais le ton protecteur de sa préface laisse penser que l'homme était un fonctionnaire et lettré d'un certain âge, qui occupait d'assez hautes fonctions.

Gui Wanrong resta trois ans en poste à Jiankang. En 1215, il fut appelé dans la capitale et hérita d'un poste subalterne à la section des archives du ministère du Recensement. Il semble que les fonctionnaires de la métropole aient remarqué ses talents, car dès 1216 il fut promu enseignant à l'Université nationale. Mais, ne se plaisant pas dans la capitale, Gui Wanrong demanda avec insistance un nouveau poste en province. Ainsi fut-il nommé vice-préfet de Pingjiang, près de Suzhou dans la province du Jiangsu, où il apparut une fois de plus comme un administrateur juste et capable, ce qui lui valut d'être nommé préfet de Nankang, au nord de la province du Jiangxi.

C'est là qu'il put enfin faire imprimer le manuscrit de son livre. Si nous supposons que Gui Wanrong séjourna deux ans dans la capitale – de 1215 à 1217 – et trois ans à Pingjiang, il serait arrivé à Nankang vers 1220. Et si nous considérons qu'il y servit trois ans – durée moyenne d'un mandat en province –, cela voudrait dire que la première édition des *Affaires* parut entre 1220 et 1223.

En tant que préfet de Nankang, Gui Wanrong tempéra la morgue des autorités militaires locales, assainit les finances et veilla que les impôts fussent acquittés dans les délais. Ses succès administratifs eurent un résultat dont il ne dut guère se féliciter : il fut de nouveau affecté à la capitale, cette fois aux Archives impériales. Si l'on s'en remet à la chronologie esquissée à l'instant, ce devait être autour de 1224.

Au cours de son second séjour dans la capitale, qui devait durer une dizaine d'années, Gui Wanrong parvint au faîte de sa carrière.

Il fut d'abord nommé juge assistant à la Haute Cour, puis promu au poste de chef adjoint au Bureau de l'Examen des Mérites. Par la suite, il reçut le titre honorifique de *Chao San Da Fu* (quatrième classe du cinquième grade) et fut promu secrétaire au ministère de la Justice. En 1234, il fut nommé académicien au pavillon de Baozhang, l'un des nombreux instituts « scientifiques » officiels mis en place par les empereurs Song. Par la postface des *Affaires*, nous savons aussi qu'à la septième lune de l'année 1234 il fut reçu en audience par l'empereur Li Zong, qui loua son ouvrage. L'approbation impériale excita l'intérêt des cercles de la Cour. La première édition étant apparemment épuisée, Gui Wanrong réédita son livre en y ajoutant une postface expliquant le pourquoi de cette initiative. Cette deuxième édition contient donc la préface de Liu Li, suivie de sa propre préface de 1211, du colophon de Zhang Fu et de la postface.

Cette même année 1234, Gui fut également nommé préfet de Changde, dans la province du Hunan, où il demeura jusqu'à sa retraite. Si nous supposons que Gui Wanrong avait vingt-cinq ans en 1196, quand il obtint son diplôme de *jinshi*, et qu'il servit trois ans comme préfet à Changde, il devait avoir soixante-six ans lorsqu'il mit un terme à sa carrière administrative. C'est alors que commença ce qui fut sans doute pour lui la phase la plus satisfaisante de sa vie. Il regagna sa ville natale de Ci Xi où il se fit construire une académie privée à flanc de colline, qu'il baptisa Shi Po Shu Yuan, « Académie de la colline de pierre ». Là, il consacra le restant de ses jours à l'étude et à l'enseignement. Sa biographie indiquant qu'il est mort à quatre-vingt-dix ans (d'autres sources disent même quatre-vingt-seize ans), ses activités dans le domaine de la philosophie et des recherches littéraires se prolongèrent donc encore vingt-quatre ans.

Fervent disciple du philosophe néoconfucianiste Yang Jian (1140-1225), également natif de Ci Xi et lui-même disciple du célèbre philosophe Song Lu Jiuyuan[1] (1139-1193), Gui Wanrong passa donc le restant de sa vie à propager les enseignements de ces

1. Mieux connu sous son nom de plume de Xiangshan.

deux maîtres. Il réunit dans son académie de nombreux élèves auxquels il expliqua les doctrines idéalistes de l'école confucéenne de Lu Jiuyuan. Parallèlement, il poursuivit des activités littéraires. Sa biographie, dans l'*Index* de son district natal de Ci Xi, lui attribue trois livres qui ne nous sont pas parvenus. Le premier traitait apparemment du sens du Livre des documents ; le deuxième était un commentaire du *Lunyu (Entretiens de Confucius)*, et le troisième un recueil de souvenirs adressés au trône.

L'influence de son académie de Shi Po Shu Yuan se manifesta pendant près de cinq siècles après la mort de son fondateur. Cela ressort clairement d'un essai rédigé par le grand historien de la dynastie des Qing, Quan Zuwang (1705-1755). Natif de Ningbo, il s'intéressait donc tout particulièrement aux grands hommes originaires de cette région. Dans le *Shi Po Shu Yuan Ji*, il explique ainsi que, à la fin de la dynastie des Ming, un descendant de Gui Wanrong continuait de faire des sacrifices à son ancêtre. En 1736, le fils de ce descendant projeta de reconstruire l'académie, et c'est à cette occasion que Quan Zuwang rédigea son essai. Il semble que la famille Gui, ou tout au moins l'une de ses branches, se soit par la suite installée à Lin Ju, dans la province du Henan. Dans une préface ajoutée en 1934 à une réédition des *Affaires*, on apprend en effet qu'en 1867 un certain Gui Songqing, de Lin Ju, en avait publié une édition en caractères mobiles. (Les actuelles difficultés de communication avec la Chine m'ont empêché d'essayer d'entrer en contact avec des membres de la famille Gui, à Lin Ju. Compte tenu de la remarquable ténacité de la tradition familiale en Chine, probablement auraient-ils pu apporter d'autres éléments sur la vie et les œuvres de Gui Wanrong.)

Ainsi qu'on l'a vu plus haut, Gui Wanrong lui-même publia deux éditions des *Affaires résolues à l'ombre du poirier* : la première autour de 1222, la seconde en 1234. Dans le même temps, continuèrent à circuler les copies de son manuscrit original de 1211. L'une de ces copies fut imprimée sous la dynastie mongole des Yuan, en 1308, près d'un siècle après que Gui Wanrong eut achevé son ouvrage. Apparemment, cette édition est totalement inconnue en Chine. En revanche, elle aboutit en Corée, où elle fut probablement rééditée dans la seconde moitié de la dynastie des Ming, époque où y furent réimprimés de nombreux ouvrages chinois. Et c'est cette réédition coréenne qui fut importée au Japon.

Toutes ces précisions nous viennent d'une copie manuscrite de l'édition coréenne, actuellement conservée au Naikaku-bunko de Tokyo, et répertoriée sous le titre de *Tôin-hiji-kashô*, « Manuscrit augmenté des *Affaires résolues à l'ombre du poirier* ». La copie est d'un célèbre sinologue japonais, Hayashi Dôshun (1583-1659), fondateur de l'académie Shôhei, qui ajouta cette note à la fin du manuscrit : «[...] Dans notre pays, l'office d'enquêteur judiciaire s'est beaucoup dégradé de longue date. Et voici qu'en lisant cet ouvrage, je ne pouvais qu'être ému par l'esprit sincère de compassion qui l'imprègne [...]. »

L'ouvrage se présente en trois parties, chacune reliée en un volume. La première partie *(shang)* contient une préface de Hoku-zan, une préface de l'éditeur de l'époque des Yuan, la préface de 1211 de Gui Wanrong, ainsi que la table des matières et les affaires 1-A à 24-B. La deuxième partie *(zhong)* contient les affaires 25-A à 48-B, et la troisième *(xia)* les affaires 49-A à 72-B. Il n'y a pas d'*okuzuke* (de note de l'éditeur indiquant la date et le lieu de publication) ; en revanche, mon exemplaire comporte sur sept (doubles) pages une liste des autres ouvrages publiés dans cette collection.

Composée en sino-japonais et couchée par écrit par un dénommé Ba Nobusuke, la préface de Hoku-san est extrêmement maigre en informations factuelles. Elle consiste pour l'essentiel en propos décousus sur l'importance des études judiciaires. Hoku-zan ne dit mot de l'édition de Hayashi Dôshun ni des caractéristiques de l'impression coréenne ; il ne précise pas même que l'ouvrage a été imprimé en Corée, ce que nous savons par la note de Dôshun, à la fin de son manuscrit. Hoku-san ne dit pas non plus s'il a édité ou révisé le texte. Probablement s'est-il contenté d'ajouter des signes de lecture à la japonaise. Enfin, il n'indique pas clairement à qui appartenait l'édition coréenne : à lui-même, à Seiri-kaku, célèbre maison d'édition du quartier Asakusa, à Edo, ou à une tierce partie.

Quoi qu'il en soit, les données fournies par le manuscrit de Dôshun et le reprint d'Hoku-san prouvent qu'une édition des

Affaires fut publiée sous les Yuan, en 1308 : outre la préface de l'éditeur de l'époque, elle ne comptait que la préface donnée par Gui Wanrong lui-même en 1211 ; les autres préfaces étaient absentes, de même que la postface et le colophon. Visiblement, l'éditeur coréen de cette édition des Yuan n'ajouta ni préface ni colophon de son cru. Mais, avant d'entrer dans les détails de cette édition, je voudrais donner une traduction de la préface de l'éditeur Yuan :

> Les affaires criminelles sont des plus importantes, mais plus importantes encore sont les affaires douteuses. Comment les personnes en charge des affaires judiciaires n'y consacreraient-elles toutes leurs facultés mentales ? Dans les jours glorieux de la haute Antiquité furent établies les lois et les peines, mais leurs catégories n'étaient pas encore différenciées. Plus tard, les « cinq châtiments » étaient appliqués à trois mille espèces de délits, ce qui n'était pas considéré comme une source de confusion. Quand les Barbares harcelèrent la Chine, Gao Yao, du temps de son ministère (sous le mythique empereur Shun), associa l'armée et la justice en une seule administration. Sous la dynastie des Zhou, les officiers de justice traitaient tout au plus de soixante catégories de délits criminels. Cependant, il apparut que sous les règnes des empereurs successifs les mœurs avaient changé ; leur disposition devint différente de celle des anciens, et d'innombrables formes de fausseté virent le jour. Sous les Zhou, le *xiaosikou*, le fonctionnaire chargé de trancher les litiges de dix mille personnes, sondait leurs sentiments en écoutant leurs dires. Dans le chapitre *Lüxing* (du Livre des documents), on parle à ce propos d'« étudier les affaires sur la base des traits » [des personnes concernées]. Mais ce qui y est appelé « s'assurer de la culpabilité et la vérifier sur la base des cinq conclusions » est nécessairement suivi de cette clause : « Si la culpabilité n'est pas avérée, il ne faut pas entendre l'affaire » (autrement dit, il faut rendre un non-lieu). Par « non avérée », les anciens lettrés entendaient l'impossibilité de vérifier une conclusion ; autrement dit, l'affaire était douteuse. De fait, rares sont ceux qui essaient de ne pas se fourvoyer dans des affaires où l'on ne peut enquêter sur les traits caractéristiques et où les paroles n'offrent aucun indice. Sous les dynasties récentes, ont donc été écrits le *Yi Yu Ji* de M. He et le *Zhe Yu Gui Jian* de M. Cheng, ainsi que le *Xiyuanlu*

de l'intendant de Justice Song Ci[1], désormais tous disponibles en édition imprimée ; le principal objet de ces ouvrages est d'empêcher les juges de commettre des erreurs.

En l'an 1303, quand je reçus l'ordre de servir comme juge à Lizhou, je me procurai le *Tang Yin Bi Shi* de M. Gui de Siming. Considérant ses connaissances pour ce qui est de redresser les torts, discerner les mensonges, débusquer le mal, révéler ce qui est caché, mais aussi démasquer la méchanceté dissimulée, ainsi que ses méthodes pour retrouver ou leurrer les criminels, il m'est apparu tel un bon médecin qui diagnostique la vie et la mort en prenant le pouls, ou tel un miroir étincelant qui montre la différence entre la beauté et la laideur par les images qu'il réfléchit, si bien que tout devient clair au premier coup d'œil. Dans les heures de loisir que me laissaient mes tâches officielles, j'ai repris les observations critiques (attachées aux affaires rapportées) dans le livre de M. Cheng de Kaifeng pour les ajouter à la fin de chaque affaire concernée (dans les *Affaires résolues à l'ombre du poirier*) ; j'ai noté les traits saillants de chaque affaire ; expliqué la prononciation et le sens (des caractères difficiles) et ajouté des notes dans la marge supérieure. Sur ce, j'ai demandé à un artisan de graver le texte avec élégance sur des planches à imprimer, de manière à élargir la diffusion de l'ouvrage et à permettre à tous les officiers de justice et de police criminelle de se le procurer. Qu'ils l'étudient à fond, et ils constateront que non seulement il suffit à élargir leurs aperçus de la nature humaine, mais aussi, peut-être, qu'il contribue à faire disparaître l'injustice de notre Empire. S'il n'y a point d'innocents persécutés, l'atmosphère sera harmonieuse, les apparences seront harmonieuses, le discours sera harmonieux, et le Ciel et la Terre seront dès lors en harmonie. Dans ces conditions, comment pourrait-on rejeter ce livre comme une modeste contribution à l'examen minutieux des châtiments tels qu'ils étaient pratiqués jadis par les juges éminents ?

Respectueusement écrit par un jour de chance de la dixième lune de la première année de l'ère Zhida [en 1308] par le secrétaire adjoint Tian Ze de Juyan, juge attaché au service du commandant en chef de Lizhoulu.

1. Paru en 1242. *(N.d.T.)*

De ce Tian Ze, je ne sais rien de plus. D'après sa signature, il était natif de Juyan, ville de la province du Gansu sur la frontière de Mongolie. Quant à Lizhou (Lizhoulu, à l'époque des Yuan), c'est une préfecture de Wulingdao, dans la province du Hunan.

De son propre aveu, Tian Ze limita son édition des *Affaires* à quatre points. Premièrement, il ajouta à chaque affaire le commentaire des *Leçons tirées du passé pour juger des affaires judiciaires* de Cheng Ke (Gui Wanrong, nous l'avons vu, ne l'avait fait que pour neuf affaires). Deuxièmement, il souligna « les traits saillants de chaque affaire » ; mais comme nous n'avons pas vu l'édition de l'époque des Yuan, il est difficile de dire exactement ce qu'il entend par là. Peut-être avait-il marqué les passages les plus importants en ajoutant un cercle à la droite de chaque caractère. Troisièmement, il ajouta des gloses expliquant le sens et la prononciation des caractères difficiles : dans la réédition de Hoku-zan, ces gloses sont imprimées sur deux colonnes en petits caractères sous la forme d'un commentaire interlinéaire. Enfin, il ajouta dans la marge supérieure des commentaires qui sont absents de la réédition de Hoku-zan.

Il ne faut pas perdre de vue que Tian Ze ne dit pas avoir *réédité* les *Affaires*, comme le veut l'usage quand un éditeur republie un ouvrage déjà imprimé. J'ajoute au passage que la formule *xiu-ci*, ici traduite par « imprimé de manière élégante », désigne souvent une édition illustrée ; peut-être Tian Ze avait-il ajouté des images, mais encore une fois on ne peut s'en assurer faute d'avoir l'original Yuan sous les yeux.

Si l'on compare le texte de Tian Ze avec l'édition Song de 1234, on remarquera des différences importantes. Le texte de l'époque Yuan donne bon nombre d'affaires dans une version beaucoup plus élaborée, c'est-à-dire proche des *Leçons tirées du passé pour juger des affaires judiciaires* et des versions originales des *Histoires dynastiques* disponibles au temps de Gui Wanrong. Dans l'édition Song, on observe une tendance à abréger le texte autant que faire se peut ; de nombreuses affaires sont même abrégées au point que l'argument devient obscur, s'il ne se perd complètement. Je pense notamment aux affaires 6-A, 9-A, 32-B, 46-A et 60-B, où j'ai dû abandonner la version Song et appuyer ma traduction sur le texte de l'époque des Yuan, voire sur la version originale.

Si c'est Tian Ze lui-même qui avait redonné aux affaires abrégées leur forme plus élaborée – ce qui l'aurait, en pratique, obligé à réécrire tout le livre –, il l'eût certainement signalé dans sa préface. Il faut donc en conclure que Gui Wanrong lui-même avait rédigé ses *Affaires* sous une forme plus élaborée, puis avait abrégé son manuscrit au moment de le confier à l'impression. Comme on l'a signalé, imprimer un livre était une entreprise coûteuse, si bien que c'est probablement un souci d'économie qui amena l'auteur à amputer son manuscrit original. Apparemment, Tian Ze ne connaissait donc pas les deux éditions Song, et il fonda son édition sur une copie plus ancienne du manuscrit encore en circulation à cette époque avec la préface rédigée en 1211 dans laquelle Gui Wanrong déclarait son intention de le faire publier. D'où l'absence de la préface de Liu Li, du colophon de Zhang Fu et de la postface de 1234.

Le fait même qu'elle repose sur une copie du manuscrit original de Gui Wanrong antérieure aux deux éditions des Song rend l'édition de Tian Ze d'autant plus précieuse. On en est réduit à espérer que l'édition originale de la dynastie des Yuan refera surface un jour où l'autre. En attendant, sachons gré à l'éditeur coréen inconnu ainsi qu'à Hayashi Dôshun et Yamamoto Hokuzan d'avoir préservé cette version.

La procédure judiciaire dans la Chine ancienne

Tang Yin, le titre de notre recueil, signifie littéralement, « à l'ombre du *tang* ». Il s'agit en fait d'une allusion au duc de Shao, parent du roi Wu, qui vers 1100 avant J.-C. fonda la dynastie des Zhou. Ledit Shao avait accoutumé de régler les affaires officielles assis sous un *gantang*, ou poirier sauvage. À sa mort, le peuple refusa que l'arbre fût abattu et souhaita au contraire le conserver comme une relique de cet officiel juste et bienveillant. Ainsi *tang yin* devint-il synonyme de fonctionnaire capable et sage : « Affaires parallèles résolues par d'éminents juges » serait donc une traduction plus fidèle du titre, *Tang Yin Bi Shi.*

L'image du juge officiant sous un arbre remonte à la plus haute antiquité chinoise. Des sources Zhou et Han indiquent que le ministre de la Justice entendait les affaires sous un jujubier *(ji)* ou un acacia *(huai).* Ces deux arbres devaient avoir des associations magiques oubliées lorsque furent recensés les institutions et les usages antiques pour les remanier conformément à la doctrine confucéenne et les adapter à l'État chinois organisé. Des commentateurs de la dynastie Han expliquent que, l'intérieur *(xin)* du *ji* étant rouge, il désigne un *xinji,* un « cœur d'une parfaite honnêteté » : celui que devrait avoir quiconque comparaît devant le juge. Pour ce qui est du *huai,* ils rattachent *huai* à son homonyme *gui,* « retourner », et y voient une allusion au fait que, devant le juge, tout est ramené *(gui)* à la vérité la plus simple.

De toute évidence, cependant, ce sont des explications secondaires. Le *Yi Jing,* l'ancien Livre de divination, emploie sous l'hexagramme *kan,* le mot *congji,* « brosse de jujube », au sens de prison[1] ; diverses expressions – *ji si* ou *ji yuan* – signifiant « l'office du jujubier » sont demeurées courantes pour désigner un tribunal et, par la suite, plus particulièrement la Haute Cour de la capitale. De surcroît, les lieux où se déroulaient les examens littéraires étaient entourés d'une haie de jujubiers. Toutes ces expressions ont survécu jusqu'à aujourd'hui. De tous ces éléments, on peut conclure que, dans les temps archaïques, le *ji* était crédité de vertus magiques qui le rendaient particulièrement adapté pour délimiter une zone taboue : le *temenos* des Grecs. On pourrait faire la même analyse concernant le *huai.* La formation même du caractère – composé de *mu* (bois, arbre) et de *gui* (spectre, fantôme) – renvoie à des propriétés magiques ; *gui,* on l'a vu, n'aurait guère été retenu pour sa seule valeur phonétique.

L'endroit où était rendue la justice dans la haute antiquité comptait d'autres accessoires importants : ainsi des deux pierres appelées *fei chi,* « pierre poumon », et *jia chi,* « belle pierre ». Sous

1. Voir Cyrille J.-D. Javary et P. Faure, éd., *Yi Jing. Le Livre des changements,* Paris, Albin Michel, 2002, Hexagramme 20, p. 472 sq. et p. 485. *(N.d.T.)*

la rubrique *Da si kou*, le *Zhouli (Rituel des Zhou)* indique que la *fei chi* était une dalle sur laquelle devaient s'asseoir les personnes qui dénonçaient leurs supérieurs afin d'établir leur sincérité. Le commentaire l'explique par le fait que, dans l'ancien système de correspondances cosmiques du corps humain, les poumons représentent le « sud » et le « feu » ; comme le feu est rouge *(chi)*, le mot *fei chi* renvoie à *chi xin*, le « cœur parfaitement sincère ». Pour ce qui est de la *jia chi*, mentionnée sous la même rubrique, le commentaire indique : une pierre « dont le grain est beau est dite *jia ;* dès lors, nous savons que la *jia chi* était une pierre au beau grain. L'intention était de conduire les dépravés à réfléchir à la beauté du grain et, par suite, à se repentir et à s'amender ». Il va sans dire que, là encore, ce sont des explications secondaires. Les deux pierres avaient sans doute été associées à d'antiques ordalies : par exemple, l'obligation de marcher sur des pierres incandescentes ou d'autres épreuves physiques analogues à celles que l'on trouve dans l'ancien droit teutonique. Cela paraît d'autant plus probable qu'en Chine ancienne la décision était souvent abandonnée au jugement divin dans les affaires judiciaires les plus délicates. Ainsi, dit-on, Gao Yao, le ministre de la Justice du mythique empereur Shun, se servait-il d'un bélier à une seule corne qui indiquait le coupable en l'encornant tout en laissant l'innocent tranquille.

Quoi qu'il en soit, les vocables archaïques mentionnés plus haut sont entrés dans la langue littéraire comme des expressions élégantes se rapportant à la procédure judiciaire. Je donnerai ici le couplet souvent cité d'un essai de Wang Yong (467-493), auquel Gui Wanrong lui-même fait allusion dans sa préface :

> Sur la *pierre poumon*, il en est peu qui ne souffrent pas d'un tort ;
> Sous le *jujubier*, il est maints fantômes qui gémissent dans la nuit.

Quant à la manière dont se déroulaient les procès dans l'Antiquité, on peut trouver quelques éléments dans le chapitre *Lüxing* du *Shujing* (ou Livre des documents). On y trouve par exemple le mot *yu*, qui est resté jusqu'à nos jours le mot littéraire le plus courant pour désigner un « procès ». L'idéogramme en question se compose en fait de l'élément *yan*, « parole », pris entre deux *chuan*, « chiens ». Ces éléments apparaissant dans les formes de l'idéogramme les plus anciennes que nous connaissions, il faut supposer qu'il représentait les deux parties comme deux chiens qui se toisent en aboyant. Il faut observer que tous les documents anciens concernent des affaires portées devant le juge par les deux parties adverses, toujours issues d'un milieu social assez élevé [1] ; on ne trouve pas d'éléments concernant une procédure engagée par le clan ou l'État contre un délinquant. Vraisemblablement ces affaires étaient-elles réglées de manière très expéditive. Enfin l'idéogramme *yu*, qui désigne le procès, signifie également « prison », ce qui permet d'en conclure que, dans les temps archaïques, comme par la suite, la cour et la prison se trouvaient dans un même lieu.

On me permettra de conclure cette brève note introductive par quelques passages du *Lüxing* et du *Zhouli*, qui sont devenus autant de *loci classici* de la littérature juridique chinoise et qui sont cités dans les préfaces aux *Affaires résolues à l'ombre du poirier*.

Le *Lüxing* donne une description succincte de la conduite d'une affaire : « Quand les deux parties ont comparu parfaitement préparées (c'est-à-dire avec des témoignages), les assesseurs écoutent les cinq plaidoiries. Quand, par les cinq plaidoiries, on s'est assuré de la culpabilité, on assigne l'un des cinq châtiments ; s'ils ne font pas l'affaire, on choisit parmi les cinq amendes de rachat ; et si celles-ci ne font pas l'affaire, on se décide parmi les cinq cas d'erreurs.

» Dans les cas douteux des cinq châtiments, il y a indulgence ; dans les cas douteux des cinq amendes de rachat, il y a indulgence. Puissiez-vous mener l'enquête. Vous devez vérifier et agir de concert avec l'opinion publique ; vous devez mener une enquête minutieuse [littéralement, de la « finesse d'un cheveu »]. Si la

---

1. Cela ressort clairement de l'excellente étude de H. MASPERO, « Le serment dans la procédure judiciaire de la Chine antique », *Mélanges chinois et bouddhiques*, Publications de l'Institut belge des hautes études chinoises, vol. III, 1934-1935, Bruxelles, 1935. Il y est notamment question des fortes cautions demandées aux parties adverses.

culpabilité n'est pas avérée, vous ne devez pas entendre l'affaire. Vous devez toujours faire montre du plus grand respect pour la majesté du Ciel[1]. »

Un autre passage souvent cité du *Zhouli* explique comment un juge doit sonder les véritables sentiments des personnes qui comparaissent devant lui[2] en examinant l'affaire criminelle par les cinq expressions (littéralement, les « cinq sons », *wu si*) : l'expression du discours, l'expression du visage, l'expression du souffle (qui donne un indice des émotions du justiciable), l'expression des oreilles (autrement dit, les réactions à ce que dit le juge) et l'expression des yeux.

Bien que les implications des expressions et des formules employées dans ces textes soient loin d'être claires, presque tous les auteurs qui ont traité de la procédure judiciaire au fil des siècles les ont citées. Aussi mal définis soient-ils, les termes anciens, consacrés par les temps, sont devenus ainsi partie intégrante du vocabulaire juridique chinois. À travers le maquis des explications et interprétations ultérieures, cependant, on perçoit encore, même vaguement, certains traits marquants de l'administration de la justice dans les temps archaïques. Bien que, dans le *Lüxing* et le *Zhouli*, l'autorité judiciaire du souverain soit déléguée à des fonctionnaires spécialement chargés d'administrer la justice, et bien que tout l'attirail de la cour archaïque – le jujubier, l'acacia et les deux pierres, par exemple – soit transféré de force du siège de la justice tribale au palais royal et voie sa place définie dans le rituel officiel ultérieur hautement élaboré, l'esprit qui imprègne ces textes reste celui du roi-prêtre d'une lointaine antiquité, qui rendait justice en plein air et à l'ombre d'un arbre.

Pour ce qui est du tribunal proprement dit et de la procédure judiciaire en province entre 200 avant J.-C. et le XIIe siècle – la période couverte par les anecdotes rapportées dans les *Affaires* –,

1. Voir N. KALGREN, « The Book of Documents », *Bulletin of the Museum of Far Eastern Antiquities*, n° 22, Stockholm, 1950.

2. Cf. E. BIOT, *Le Tcheou-li ou rites des Tcheou*, Paris, Imprimerie nationale, 1851, reprint, Pékin, 1939, vol. II, pp. 319-320.

les matériaux dont nous disposons sont rares. Les auteurs chinois de cette époque ont focalisé leur attention sur les instances judiciaires supérieures de la capitale, tandis que l'aura émanant du trône et le prestige qui s'y attachait avaient tendance à masquer les affaires peu reluisantes qui s'y tramaient. Ainsi ont-ils délibérément ignoré les tribunaux de district où crime et châtiment apparaissaient sous la lumière la plus crue. Ce sont pourtant ces tribunaux qui mettaient les petites gens au contact direct des lois impériales et de leur application et qui, de ce fait, jouaient un rôle important dans la vie quotidienne des Chinois.

À côté des bribes d'information éparses dans les vieux recueils d'affaires, les images des « Juges de l'Enfer », qui occupaient une place de choix dans l'iconographie bouddhique et taoïste, sont pour ainsi dire notre seule autre source d'information digne de foi, car les artistes qui les réalisèrent prenaient modèle sur les tribunaux de leur temps pour représenter le tribunal de l'Au-delà[1].

On ne trouve de descriptions détaillées du tribunal de district et de son attirail que dans des sources littéraires plus tardives, en particulier dans les romans policiers et les pièces de théâtre des périodes Ming et Qing, où le sujet même de l'œuvre obligeait à des allusions régulières à la procédure judiciaire [2]. On peut vérifier et compléter les sources des Ming grâce aux témoignages des Occidentaux qui visitèrent la Chine à cette époque et qui eurent le malheur d'entrer en contact personnel avec des tribunaux chinois [3]; pour l'époque des Qing, il existe par ailleurs maintes

---

1. Voir, par exemple, les illustrations du *Fo-shuo-shi-wang-jing;* une image de ce manuscrit de l'époque Tang est reproduite dans Robert VAN GULIK, *Trois Affaires criminelles résolues par le juge Ti*, Paris, Christian Bourgois, 1987, p. 31.

2. Cf. mes *Trois Affaires criminelles.* Il s'agit de la traduction d'un roman policier du XVIIIe siècle. L'histoire se déroule sous la dynastie des Tang, mais le système judiciaire décrit est celui des Ming.

3. Cf. C. R. BOXER, « South China in the Sixteenth Century, being the narratives of Galeote Pereira, Fr. Gaspar da Cruz O.P., Fr. Martin de Rada, O.E.S.A. (1550-1575) », *Hakluyt Society*, Londres, 1953, pp. 17-25, 163-185, 199-203 et 297-304. Voir également Hendrik HAMEL, « Verhaal van het vergaan van het jacht De Sperwer (1656-1663) », *Linschoten Vereeniging*, vol. XVIII, La Haye, 1920, pp. 16-17, qui présente un récit saisissant de l'expérience de matelots hollandais dans un tribunal coréen local – dont le fonctionnement était calqué sur ceux de la Chine des Ming.

descriptions laissées par des observateurs occidentaux du XIXe siècle [1].

Une comparaison de ces données des époques Ming et Qing et de celles des dynasties précédentes prouve que, *mutatis mutandis*, l'ancienne cour et son attirail n'étaient au fond pas très différents. La description générale qui suit se fonde donc sur un mélange de données anciennes et plus récentes, mais insiste tout particulièrement sur les traits saillants dans les affaires rapportées dans le *Tang Yin Bi Shi*.

Dans les tribunaux locaux, la salle et la procédure étaient faites avant toute chose pour impressionner le public par la majesté de la loi et les conséquences redoutables auxquelles il fallait s'attendre quand on avait maille à partir avec la justice. Le magistrat qui en présidait la séance incarnait dans sa personne tout le pouvoir administratif, exécutif et judiciaire du district. Comme il exerçait pour ainsi dire une autorité absolue sur toutes les phases de la vie des hommes dont il avait la charge, il est souvent présenté comme le *mu*, le « pasteur » du peuple, ou encore le *fumu guan*, c'est-à-dire « père et mère officiels ». Quand la cour siégeait, le magistrat,

1. Cf., *inter alia*, le Rev. Justus DOOLITTLE, *Social Life of the Chinese*, 2 vol., New York, 1865, vol. II, pp. 335-352. L'auteur exagère cependant grossièrement les lacunes du système. Il ne faut pas perdre de vue que la plupart des ouvrages publiés par les missionnaires de cette époque privilégiaient la part d'ombre dans les affaires chinoises. De plus, les images de châtiments chinois importées de Canton et publiées, entre autres, par G. H. MASON dans *The Punishments of China*, Londres, William Miller, 1804, connurent une grande vogue en Europe et contribuèrent à propager l'idée de la cruauté excessive des Chinois ; or ces images, de même que celles publiées par Doolittle, sont des reproductions des « images sur papier de riz » spécialement faites à Canton pour le marché étranger et pour flatter le goût du sensationnel. Si le récit de Hamel mentionné dans la note précédente n'a pas connu le succès en Europe, c'est qu'il ne contenait pas suffisamment d'horreurs (cf. P. A. TIELE, « Mémoire bibliographique sur les journaux des navigateurs néerlandais », Amsterdam, 1867, p. 275 : « Les meurtres & autres excès sont bien plus rares dans ce récit que dans celui du voyage de Pelsaert. Aussi est-il devenu beaucoup moins populaire »). Pour un tableau beaucoup plus équilibré de l'administration de la justice en Chine, voir E. ALABASTER, *Notes and Commentaries on Chinese Criminal Law*, Londres, 1899. Dans les années récentes, diverses études solides – chinoises, japonaises et occidentales – ont paru sur la question : voir les notes bibliographiques in ESCARRA, « Le droit chinois », et A. F. P. HULSEWÉ, *Remnants of Han Law*, vol. I, *Sinica Leidensia*, vol. IX, Leyde, E. J. Brill, 1955.

paré de tous les attributs de sa fonction, siégeait derrière une table haute recouverte d'un brocart rouge et dressée sur une estrade ; personnage imposant, il trônait très au-dessus de quiconque était appelé à comparaître devant lui [1].

Sur la table étaient disposés les objets régulièrement utilisés par le magistrat et qui symbolisaient son autorité. En tout premier, le grand sceau carré du tribunal enveloppé de brocart ; aucun fonctionnaire n'était censé avoir quelque pouvoir exécutif que ce soit avant d'avoir solennellement reçu ce sceau de son prédécesseur. Quand il ne servait pas, ce sceau était conservé dans une petite châsse. Le juge avait en outre devant lui un bâton de bois dur d'une trentaine de centimètres, dont il se servait comme d'un marteau ; dans les textes plus tardifs, ce marteau est désigné de manière significative par l'expression *jing tang mu*, c'est-à-dire le « bois qui fait sursauter la salle ». Sur un porte-pinceaux en forme de chaîne de montagnes à trois pics, reposaient deux pinceaux : l'un pour prendre des notes à l'encre noire, l'autre pour prendre des notes à l'encre rouge. Il y avait enfin un encrier à double réservoir pour préparer les deux types d'encre. Tels sont donc les instruments habituels disposés sur la table haute et que l'on reconnaît sans mal sur les images, dès la dynastie Tang [2]. Quant aux Codes et autres ouvrages juridiques de référence, ils brillent par leur absence.

Par la suite, un dais, ou *nuange*, devait être installé au-dessus de l'estrade, mais celui-ci ne figure sur aucune image plus ancienne.

La table haute était flanquée de part et d'autre d'une table basse derrière laquelle siégeaient deux scribes ou plus, ou, dans le cas des tribunaux plus importants, des fonctionnaires subalternes de l'administration du district. Un grand paravent était disposé derrière le juge ; d'autres, plus petits, derrière les tables de ses assistants. Autrefois, ces tentures ou paravents latéraux étaient appelés *dong qiang* et *xi qiang*, « mur oriental » et « mur occidental ». Le magistrat siégeant en général face au Sud, le premier était à sa droite, et

1. Sur la description du tribunal, on renverra le lecteur à l'introduction de Van Gulik aux *Trois Affaires criminelles résolues par le juge Ti*, *op. cit.*, p. 26 sq. *(N.d.T.)*

2. Voir l'illustration *ibid.*, p. 106. *(N.d.T.)*

le second à sa gauche. Ces trois paravents figurent sur des illustrations de l'époque des Tang, des Song et des Ming. Pour ce qui est des temps plus reculés, nous savons que sous les Han la salle était ornée d'une image peinte du *xie zhai*, le bélier à une seule corne de Gao Yao[1] qui était capable de distinguer le bien du mal[2]. Probablement l'image était-elle peinte sur le grand paravent placé derrière le juge[3]. À cette même époque, les fonctionnaires de justice portaient un bonnet spécial, ou *xie zhai guan*, dont la forme était celle d'une tête de bélier à une seule corne[4].

Pour les affaires de droit, le tribunal était ouvert de l'automne jusqu'au printemps, mais il traitait des affaires administratives du district tout au long de l'année. Toutes les audiences étaient ouvertes au grand public, et toutes les délibérations étaient conduites *coram populo*, « en public ».

En règle générale, la cour faisait partie d'une enceinte qui abritait les bureaux de l'administration du district, la résidence privée du magistrat ainsi que la prison, qui en général jouxtait la salle

1. Ministre des Délits de l'empereur Shun (2257 av. J.-C.), Gao Yao, surnommé le « justicier ferme », était considéré comme le justicier idéal. *(N.d.T.)*

2. Dans son *Lunheng*, chap. XVII, section 2, le philosophe Wang Chong (27-autour de 97) précise : « À présent, le *xie zhai* de Gao Yao est représenté dans les tribunaux. Les lettrés disent que cet animal est un bélier à une seule corne qui reconnaît naturellement les coupables. Si, auditionnant une affaire, Gao Yao avait des doutes sur l'identité du coupable, il faisait intervenir le bélier d'un coup de corne : et celui-ci encornait le coupable, pas l'innocent. »

3. Sous la dynastie des Ming, le paravent placé derrière le juge est orné d'une montagne de jade surgissant des vagues – un des douze symboles traditionnels de l'autorité impériale ; sous les Qing, en revanche, celle-ci fut remplacée par la vieille image du bélier à une corne, travesti en *qilin*, la « licorne » étant symbole de bienveillance universelle. Tout au long des dynasties des Ming et des Qing, le bélier à une corne apparaît sur les « insignes carrés de mandarin » que les fonctionnaires de justice portaient sur leur robe. Cf. SCHUYLER CAMMANN, « Chinese Mandarin Squares », *University Museum Bulletin*, Philadelphie, juin 1953, vol. 17, n° 3, p. 22 et fig. 21.

4. Cf. *Hanshu (Histoire des Han)*, section « Voitures et vêtements », où il est précisé : « Les fonctionnaires de justice portent un bonnet de juge, également appelé bonnet *xie zhai ;* le *xie zhai* est un bélier divin capable de distinguer le bien du mal. » Le *Huainanzi* (ouvrage d'un philosophe mort en 122 av. J.-C.) donne à ce bonnet le nom de *zhai guan*. Enfin, le commentateur Gao You (actif autour de 200 de notre ère) observe : « Le *xie zhai* ressemble au bonnet que portent de nos jours les censeurs. » Cf. également W. EBERHARD, « Die Mode der Han- und Chin-Zeit », Anvers, 1946, p. 54.

d'audience. Ces prisons étaient des lieux sinistres : les détenus y étaient en permanence enchaînés et, pour se nourrir, étaient largement tributaires des vivres que leur adressaient de l'extérieur parents et amis. Aussi le taux de mortalité était-il élevé parmi eux. Sur les portes de la prison, étaient représentés deux animaux mythiques féroces, ou *pi han*[1], dont le nom est ainsi devenu d'usage courant pour désigner la prison elle-même ou un gardien de prison. Lorsque le magistrat désirait entendre un détenu, il donnait une tablette de bois où était indiqué le nom de l'homme au geôlier, qui allait le chercher pour le conduire devant sa table.

Alors que le magistrat était soutenu par la pompe et l'apparat de sa charge, la procédure judiciaire plaçait tous ceux qui comparaissaient devant lui dans une situation des plus désavantageuses et humiliantes. L'accusé devait s'agenouiller à même le sol, donc beaucoup plus bas que le juge, et rester dans cette position jusqu'à la fin de la procédure. Tout au long de l'audience, le prévenu était encadré par les « sbires » *(li)*, avec leur effroyable attirail *(san mu*, suivant leur appellation traditionnelle) : les cangues, les menottes et les chaînes. Les sbires étaient également armés de baguettes pour administrer des coups de bambou et de fouets en cuir ou en jonc. On se servait aussi librement des baguettes de bambou et des fouets au cours de l'interrogatoire pour amener un accusé à avouer, mais aussi chaque fois que l'accusé, l'accusateur ou l'un des témoins disait ou faisait quelque chose qui n'avait pas l'heur de plaire au juge. D'une manière générale, la population redoutait les sbires autant qu'elle les méprisait. Les honnêtes gens étaient rares dans ces fonctions : le plus souvent, les sbires étaient des

---

1. Bien que la prison soit désignée par le mot *pi han* dès les sources de l'époque des Han, je n'ai trouvé aucune description contemporaine de ces animaux. Sous la dynastie des Ming, des *pi han* taillés dans la pierre ou le bois étaient placés à l'entrée de la prison. Dans son *Sheng An Wai Ji*, Yang Shen (1488-1559), prolifique auteur de la dynastie des Ming, précise : « Le dragon a neuf fils, dont le quatrième est appelé *pi han*. Par sa forme, il ressemble à un tigre, il est impressionnant et plein de vigueur : aussi son image figure-t-elle sur les portes des prisons. » D'après un autre auteur de l'époque des Ming, le grand poète Li Dongyang (1447-1516), le *pi han* ne survécut que sous la forme de têtes de lion placées ou peintes sur les portes des prisons ; dans son *Huai Lu Tang Ji*, il indique que les « *pi han*, par nature, aiment les procès ; les têtes de lion qu'on voit à présent sur les portes des prisons sont un reste de leur forme plus complète ».

pendards prêts à abuser de leur pouvoir et à extorquer de l'argent à quiconque venait au tribunal. Le magistrat était obligé de les tenir à l'œil et, souvent, il les faisait fouetter pour entorse à la discipline ou autres délits. C. R. Boxer cite un observateur portugais du XVIe siècle, suivant lequel les sbires étaient pour la plupart couverts de traces de coups de bambou ou de fouet et qu'ils en étaient fiers : à leurs yeux, il s'agissait en effet d'une marque indispensable de leur profession[1] ! Bao Cheng, juge célèbre de l'époque des Song, était particulièrement connu pour sa sévérité envers les sbires, qui réussissaient pourtant à le tromper (voir l'affaire 46-A : « Bao Cheng fait battre un garde »). Étant eux-mêmes traités rudement, ils étaient sans pitié envers les détenus comme envers quiconque comparaissait devant le juge.

Lorsqu'il avait à traiter d'une affaire, le principe de base du juge était de considérer que tout accusé était coupable aussi longtemps qu'il n'avait pas prouvé son innocence. À ma connaissance, ce principe n'est nulle part formulé aussi explicitement dans la littérature juridique chinoise, mais il ressort on ne peut plus clairement des recueils d'affaires. Ce principe ne repose pas tant sur la dureté que sur l'idée que jamais un citoyen véritablement honnête n'aura maille à partir avec la justice. Même un homme parfaitement innocent et accusé à tort est déjà coupable dans la mesure où il est partie prenante à un trouble de l'ordre public dans le district – ce qui est une manière de faire affront à l'administration du magistrat. De surcroît, on considérera que, visiblement, sa conduite n'était pas si irréprochable que des méchants ne pussent avoir de prise sur lui ; à tout le moins, il a eu le tort de ne pas mettre assez de discernement dans le choix de ses connaissances et de ses associés. Si l'attitude officielle envers les innocents était d'une telle rigueur, on imagine sans mal le sort réservé aux véritables criminels. On ne s'étonnera donc pas de voir appeler *qiu*, « prisonnier », quiconque était appelé à comparaître devant le tribunal, et ce avant même que son affaire ne fût entendue.

Le fait que tout prévenu était réputé *a priori* coupable explique, entre autres facteurs, qu'il était d'usage de frapper l'accusé

1. C. R. Boxer, *loc. cit.*, p. 168.

– souvent cruellement, sitôt qu'il niait sa culpabilité. Observé au fil des siècles, cet usage apparaît, aux yeux des spécialistes occidentaux, comme l'un des aspects les plus répréhensibles de la procédure judiciaire chinoise. Mais tel n'était pas le seul prétexte à donner des coups ou à infliger d'autres tortures dans l'enceinte du tribunal. Un vénérable principe voulait qu'aucun criminel ne fût condamné s'il n'avait admis sa culpabilité : aussi était-il nécessaire de soumettre à la question le criminel endurci qui refusait d'avouer alors même qu'il était confronté à des preuves irréfutables. Les magistrats désinvoltes ou paresseux étaient d'autant plus tentés d'infliger des corrections excessives que, si la loi leur faisait obligation de rapporter aux autorités supérieures toutes les affaires impliquant un châtiment plus lourd, elle leur permettait de condamner un prévenu à un nombre de coups de bambou ou de fouet illimité et de faire exécuter ce châtiment sous leur seule autorité. Ainsi pouvaient-ils essayer d'obtenir une correction rapide par la torture, ou même faire à dessein battre à mort un prévenu si une affaire devenait par trop compliquée ou révélait des faits que le magistrat préférait dissimuler aux autorités supérieures. En ce cas, il pouvait faire passer le décès pour l'effet d'une maladie.

Même conduit par des juges scrupuleux, l'interrogatoire assorti de toutes les rigueurs de la loi conduisait souvent à de graves dénis de justice. Les recueils d'affaires en fournissent d'abondantes illustrations. Des formules du type « il a avoué à tort parce qu'il ne pouvait supporter la question » ne laissent pas de troubler par leur fréquence (voir les affaires 1-A, 2-A, 7-A, 27-A, 30-A, 30-B, 33-A, 33-B, 44-A et 64-A). Les rossées à coups de gros bambous étaient tout particulièrement rudes. « Les hommes sont couchés sur le ventre, jambes allongées et mains attachées dans le dos, et on leur administre des coups de fouet sur les jambes, rapporte un certain Gaspar da Cruz. Ce sont des coups très cruels, car le sang coule dès le premier coup, et ils sont chaque fois portés par deux sbires, chacun fouettant une jambe. Après deux coups de fouet, un homme ne tient plus debout et on est obligé de le ramasser par les pieds et par les jambes. Et beaucoup meurent après avoir reçu une cinquantaine ou une soixantaine de coups, car ceux-ci détruisent les chairs des mollets [1]. » Da Cruz précise que beaucoup préféraient se tuer eux-mêmes en prison avant d'être interrogés par la cour ; pour les temps plus reculés, la crainte de la bastonnade est attestée par l'affaire 30-B (« Gao Fang compare des étoffes »).

Les moines bouddhistes et taoïstes se trouvaient devant le tribunal dans une position plus défavorable encore que celle des autres accusés. La plupart des magistrats et des juges étant des confucianistes confirmés, ils n'avaient guère de sympathie pour le bouddhisme et le taoïsme et se montraient plus que jamais enclins à supposer les prévenus *a priori* coupables. Les compilateurs des recueils d'affaires adoptaient eux aussi le point de vue confucianiste et nous présentent donc les moines bouddhistes et les adeptes du taoïsme sous les couleurs les plus sombres. Dans tous les cas où il est question de bouddhistes (voir les affaires 24-A, 24-B, 29-B, 38-A, 57-B et 58-B), les moines sont les vilains, tandis que les taoïstes et leurs disciplines ne s'en tirent guère mieux (affaires 6-A, 14-A et 53-A). On retrouve cette attitude dans les romans policiers et les histoires de détectives chinois plus tardifs, où les moines bouddhistes sont en général dépeints comme des pendards lubriques et débauchés, tandis que les temples abritent leurs secrètes iniquités.

Enfin, tandis que toutes les personnes comparaissant devant la cour étaient tenues de dire la vérité et rien que la vérité, le magistrat avait toute liberté d'agir sur des ouï-dire, mais aussi de tromper, d'intimider et d'insulter quiconque était mêlé à l'affaire. L'accusé ne pouvait choisir ses témoins, et il n'existait pas d'avocat ou de conseiller juridique. La position de l'accusé, rappelé à l'ordre et injurié par le magistrat, grondé et houspillé par les sbires, était en effet des plus fâcheuses. Il n'est guère étonnant que les gens considéraient en général comme une terrible infortune d'être cité à comparaître devant la cour : c'était une expérience qu'il fallait à tout prix éviter. Si force est d'admettre que cette peur du tribunal devait avoir un effet dissuasif sur les éventuels criminels, elle avait aussi pour effet de détacher la population des auto-

1. *Ibid.*, p. 178.

rités locales. Dans l'ensemble, les gens essayaient de régler autant que possible leurs différends hors de la cour, en trouvant un compromis, en renvoyant l'affaire devant l'un des organes vénérables de la justice privée – par exemple, le conseil de famille, les aînés ou les chefs d'une corporation.

Les formalités de la procédure – l'arrestation, la présentation des preuves, l'accusation et les divers châtiments, etc. – ayant fait ailleurs l'objet d'une étude fouillée [1], il n'est pas nécessaire de s'y attarder davantage ici. Je me contenterai de quelques précisions sur certains aspects pratiques de la procédure judiciaire évoqués dans les *Affaires* qu'on va lire.

Tandis que la procédure judiciaire encourageait par bien des manières les abus de juges cruels ou inefficaces, elle gênait également le travail des magistrats scrupuleux. Assis derrière sa table haute, le juge ne pouvait voir ni entendre distinctement les personnes agenouillées à même le sol. Ce n'était pas un mince handicap, puisque le juge devait se faire une opinion du tempérament du prévenu en s'appuyant largement sur l'expression de son visage et sa voix. La physiognomonie, ou *xiang-fa*, est en Chine une science fort ancienne et très développée ; tout au long des siècles, les juges en ont fait grand cas pour détecter les mensonges : un passage du *Zhouli* l'atteste [2]. Ils trouvaient aussi une confirmation de la valeur de ce moyen de détection dans l'expression *wei-mao-you-ji*, que l'on trouve dans le *Lüxing* [3], et dont le sens est double. *Mao* est sans conteste un emprunt phonétique à *mao*, « cheveu » : d'où l'invitation à mener une enquête minutieuse, de la « finesse d'un cheveu ». Mais l'interprétation traditionnelle retient le sens littéral de *mao* : « l'apparence » : autrement dit, « il faut examiner l'apparence de l'accusé ». Ainsi, au XVIIIe siècle, l'auteur d'un célèbre manuel destiné aux magistrats pouvait encore faire de l'examen des traits d'une personne la première étape d'une enquête [4]. Quant à l'importance attachée à la voix du suspect, elle

1. Voir HULSEWÉ, *op. cit.*, p. 71 sq.
2. Cf. *supra*, note 9.
3. Cf. *supra*, note 8.
4. Voir WANG Huizu (1731-1807), *Xue Zhi Yi Shuo*, section intitulée : « Dans l'examen d'une affaire, l'étude des traits de l'accusé passe en premier ». Pour la biogra-

est une fois encore attestée par le passage du *Zhouli* déjà cité et par notre affaire 16-A (« Zeng Zichan décèle des signes néfastes »).

En outre, la règle établie de longue date – et qui existait dès la dynastie des Han –interdisant à un magistrat d'être nommé dans son district natal devait aussi souvent le gêner dans son enquête. La règle répondait à de bonnes intentions : il s'agissait d'éviter qu'un magistrat ne se laisse influencer par des relations. Cependant, son manque de familiarité avec la situation locale, et surtout avec le dialecte du pays, l'obligeait souvent à s'en remettre aux conseils et aux bons offices du personnel subalterne – recruté sur place et donc non exempt de parti pris. La situation des dialectes en Chine ancienne est un problème encore insuffisamment exploré, mais il est permis de penser que dès la dynastie des Han, par exemple, il y avait des affaires dans lesquelles le magistrat ne comprenait pas ce que disaient les prévenus, surtout s'ils appartenaient aux couches sociales inférieures. En tout état de cause, l'usage de soumettre volontairement des déclarations écrites en comparaissant devant le juge a dû naître en partie de la difficulté à se faire clairement entendre et de la nécessité d'éliminer les problèmes liés aux différents dialectes.

Les recueils d'affaires rapportent comment des magistrats diligents tâchaient de surmonter ces handicaps. Pour se faire une idée claire des traits d'une personne, ils se penchaient par-dessus la table et demandaient au prévenu de les regarder (affaire 64-B : « Zhang Yong et le turban du faux moine »). Et s'ils n'entendaient pas ce que disait l'accusé, ou s'ils soupçonnaient quelque interférence secrète du petit personnel de la cour, le magistrat descendait de son siège élevé pour questionner l'accusé en face-à-face, comme dans l'affaire 69-B (« Gong Xun et les quatre boucs émissaires »). De surcroît, de tous les juges célèbres d'autrefois, ou presque, on dit qu'ils sortaient sous un déguisement pour aller vérifier personnellement les faits.

---

phie de Wang, cf. A. W. HUMMEL, *Eminent Chinese of the Ch'ing Period*, Washington, Bibliothèque du Congrès, 1943, p. 824 ; le *Xue Zhi Yi Shuo* et un autre livre analogue du même auteur y sont présentés comme deux « ouvrages célèbres sur le gouvernement qui, jusqu'à l'instauration de la République (1912), étaient réputés indispensables aux agents de l'administration locale ».

Il faut encore ajouter que, pour démasquer la vérité, les juges scrupuleux s'en remettaient à leur sagacité, à leur dialectique et, par-dessus tout, à leur connaissance profonde de la nature humaine plutôt qu'aux moyens de coercition que la loi mettait à leur disposition. Les recueils d'affaires multiplient les exemples de ce côté plus souriant du tableau. Le *Tang Yin Bi Shi* relate de nombreuses affaires habilement résolues sans recourir à la torture ou à d'autres formes de pression (affaires 9-A, 10-B, 16-B, 26-A, 26-B, 33-A, 33-B, 35-A, 35-B, 40-B, 43-B, 45-A, 46-B, 52-A, 52-B, 55-B, 57-A, 57-B et 60-A) ; parfois même, le magistrat rend de véritables « jugements de Salomon » (affaires 4-B et 14-B).

À cet égard, j'ajouterai que, si les juges chinois d'autrefois manquaient naturellement des moyens techniques de la criminologie occidentale, les sciences chinoises traditionnelles leur étaient d'un grand secours. Tout fonctionnaire lettré avait une légère teinture de médecine et de pharmacologie : il connaissait donc les rudiments de la médecine (voir les affaires 5-B, 6-A et 18-B) et avait une idée des drogues et des poisons à la portée du criminel moyen (cf. affaires 39-A et B). Pour ce qui est des aspects plus spécialisés de la médecine légale, le magistrat pouvait s'en remettre à l'avis du *wuzuo*, ou « coroner », officier recruté localement et qui ajoutait habituellement à ses fonctions au tribunal des activités de croque-mort. Fort d'une expérience large et diversifiée, ces coroners obtenaient souvent des résultats remarquables par des moyens très primitifs[1].

---

1. On en trouvera quelques exemples frappants dans le *Xiyuanlu* (« Dossiers du redressement des torts ») de Song Ci (actif autour de 1250), qui commença sa carrière comme intendant de justice. Ce célèbre manuel chinois destiné aux coroners contient une abondance de renseignements concernant la médecine légale ainsi que de nombreuses affaires criminelles intéressantes accompagnées de la solution de l'énigme. Une version française abrégée en est parue dès 1780 in *Mémoires concernant l'histoire, les sciences, les arts, etc., des Chinois*, vol. IV, pp. 421-440. Voir également la traduction anglaise de H. A. GILES, « Instructions to Coroners », *China Review*, vol. III, 1874, reprise in *Proceedings of the Royal Society of Medicine*, vol. XVII, Londres, 1924.

Pour ce qui est des méthodes de détection, il est déroutant que les anciens Chinois n'aient jamais utilisé les empreintes digitales comme moyen d'identifier un criminel alors même qu'ils ne manquèrent pas d'occasions de faire cette découverte. Comme l'apposition du sceau jouait un rôle capital dans l'identification d'un criminel, la détec-

Pour compléter cet aspect plus souriant du tableau de la procédure judiciaire dans la Chine ancienne, il faut encore dire quelques mots des éléments qui permettaient de faire échec aux abus de l'autorité judiciaire.

En premier lieu, l'opinion publique était un facteur avec lequel tous les magistrats devaient compter. Toutes les affaires, hormis celles de haute trahison, étaient jugées en public, depuis les audiences préliminaires jusqu'à la condamnation. Des sources littéraires font parfois allusion à des interrogatoires secrets en prison, mais c'est toujours pour les présenter comme une pratique mauvaise de magistrats dépravés et les condamner dans les termes les plus vifs. Que l'opinion publique fût l'un des principaux moyens d'empêcher les dénis de justice en dit long sur l'esprit démocratique des Chinois. Déjà, le *Lüxing*[1] déclare que les « juges doivent agir de concert avec l'opinion publique », tandis que les recueils d'affaires observent souvent avec satisfaction que le « peuple approuva ce verdict ». Qu'un magistrat fût manifestement inique ou inutilement cruel, la population du district ne manquait pas de saboter l'administration en lui opposant une résistance passive : une excellente manière d'attirer l'attention des autorités supérieures sur la situation.

Un deuxième frein était l'obligation de consigner minutieusement par écrit toutes les délibérations puis de transmettre ledit rapport aux autorités supérieures. Les greffiers notaient *in extenso* les déclarations des accusés et des témoins ainsi que les décisions du juge. L'ignorance de la sténographie ne présentait aucune diffi-

---

tion des faux sceaux était de longue date devenue une technique éminemment spécialisée, le moindre détail étant l'objet d'un examen méticuleux. Or les empreintes du pouce étaient utilisées de la même façon qu'un sceau, car les Chinois savaient fort bien que chacun a ses empreintes digitales propres, dont le dessin apparaît souvent à l'œil nu. De là à comprendre qu'un meurtrier laissant une trace de doigt ensanglanté sur le manche de bois d'un couteau, sur un mur de plâtre ou quelque autre surface permettant d'analyser l'empreinte sans secours technique avait en fait signé son crime, il n'y avait qu'un pas. Certes, ces seules empreintes ne permettaient pas de retrouver les traces d'un criminel inconnu ; mais au moins cela aurait-il permis de comparer les empreintes relevées avec celles du ou des suspects. Reste que je n'ai trouvé aucun signe que les juges chinois d'autrefois aient jamais recouru à cette technique d'identification élémentaire.

1. Voir les paragraphes appelés par la note 8.

culté, car la langue littéraire chinoise est en soi une sorte de sténo : résumer les longues phrases du langage parlé en quatre caractères est un jeu d'enfant, et encore le greffier pouvait-il écrire ces caractères sous une forme cursive abrégée. Les greffiers expérimentés pouvaient donc prendre note de tout ce qui se disait. L'obligation de coucher par écrit toutes les délibérations prévalait déjà sous les Han, c'est-à-dire en des temps où l'on écrivait encore le plus souvent sur des tablettes de bois. Environ un siècle avant notre ère, un fonctionnaire qui s'était opposé au verdict quitta ainsi le tribunal les bras chargés de tablettes de bois relatives à l'affaire[1]. Ces dossiers étaient soigneusement examinés par les instances supérieures, qui devaient les transmettre jusqu'aux centres administratif et judiciaire de la métropole. Si les fonctionnaires concernés ne le faisaient point par sens du devoir, au moins le faisaient-ils parce que la découverte d'une erreur commise par un officier de justice subalterne était portée au crédit de qui la trouvait et augmentait ses chances de promotion.

Les recueils d'affaires montrent bien le scrupule avec lequel les instances supérieures examinaient les rapports qui leur étaient transmis. Bon nombre des affaires réunies dans le *Tang Yin Bi Shi* sont des affaires rejugées parce que le fonctionnaire qui s'était penché sur les dossiers avait « conçu des doutes ». Trouvait-on une erreur que des mesures disciplinaires étaient prises à l'encontre du magistrat responsable. Et, en cas de grave déni de justice, le fonctionnaire coupable était lourdement châtié suivant le principe du *fanzuo* : qui a accusé à tort une personne subira le châtiment qui aurait été infligé au prévenu lésé si l'accusation avait été fondée. De ce point de vue, il faut noter que la position du magistrat, son pouvoir quasi absolu et sa supériorité totale sur les personnes citées à comparaître n'étaient qu'une gloire d'emprunt : loin de tenir à son rang personnel, celle-ci ne dérivait que du prestige du système qu'il était temporairement chargé de représenter. Si la loi était intouchable, tel n'était pas le cas du juge chargé de la faire respecter. Les officiers de justice ne jouissaient de leur position particulière qu'aussi longtemps que le gouvernement y consen-

1. HULSEWÉ, *op. cit.*, p. 73.

tait : ils ne pouvaient revendiquer aucune immunité ni aucun privilège du simple fait qu'ils assumaient cette fonction. Dès qu'une autorité supérieure prenait un juge en défaut, il était sommairement déchargé de son pouvoir et de son autorité, et aussitôt réduit à la triste condition d'un « détenu » devant un tribunal : agenouillé à même le sol, rossé et insulté par les sbires, le temps qu'il réponde de sa conduite.

Dès lors il ne faut pas s'étonner que, confrontés à une affaire épineuse, les magistrats de district et de préfecture préféraient souvent la renvoyer à une autorité supérieure de crainte de s'y brûler les doigts. D'où cette formule que l'on trouve souvent dans les recueils : « Ni le préfet ni le magistrat de district n'ayant pu résoudre l'affaire, ils la transmirent à la capitale. »

De plus, outre les pouvoirs publics, l'accusé lui-même ou ses parents pouvaient aussi faire appel, mais ils ne pouvaient demander un nouveau jugement qu'en s'adressant à une autorité judiciaire plus haute que celle qui s'était penchée sur l'affaire. Visiblement, il n'était pas permis à un tribunal du même niveau administratif de rejuger une affaire. L'affaire 67-B (« Zhao He et le terrain hypothéqué ») raconte le stratagème qu'un magistrat dut élaborer pour entendre une affaire qu'avait déjà tranchée son collègue du district voisin (mais voir également l'affaire 20-A).

Enfin, n'oublions pas que, dans la hiérarchie gouvernementale chinoise, la promotion reposait largement sur le travail effectivement accompli. Le favoritisme et le népotisme politiques jouaient également un rôle, mais essentiellement dans les hautes sphères de l'administration. Un officier de justice consciencieux et diligent pouvait raisonnablement espérer une promotion régulière, tandis que ses collègues inefficaces, ou ceux qui faisaient montre d'une cruauté gratuite, risquaient leur poste, sinon leur vie. Comme les nominations aux échelons inférieurs et intermédiaires étaient généralement pour une durée moyenne de trois ans, la plupart des officiers de justice tâchaient de s'acquitter de leurs devoirs de leur mieux, dans l'espoir d'être promus le moment venu à des charges moins lourdes et moins risquées.

Tout bien considéré, on peut donc affirmer que l'ancien système judiciaire chinois marchait assez bien. Ainsi que je l'ai signalé ailleurs[1], les violations les plus flagrantes des principes de la justice mentionnées dans l'histoire chinoise portent sur des affaires de persécution politique et religieuse. Et, de ce point de vue, le bilan des Occidentaux n'est pas non plus très reluisant.

Le défaut le plus grave était que le système ne fonctionnait de façon satisfaisante que sous l'autorité d'un gouvernement central fort. Or, dans les périodes de troubles et de confusion politique caractéristiques du passage d'une grande dynastie à l'autre, l'autorité centrale se désintégrait temporairement, et les prérogatives de l'exécutif se déplaçaient du centre vers les responsables civils et militaires locaux. Dans de telles époques, les freins normaux cessaient d'opérer, et l'administration de la justice devenait fort sommaire, pour ne pas dire arbitraire. Je pense en particulier à l'affaire 14-B de ce recueil : « An Zhongrong adresse un blâme et abat quelqu'un ». Mais qui sommes-nous, Occidentaux de cet âge avancé, pour critiquer de telles anomalies en des temps de tensions ? L'affaire 44-B, « Xiao Huaiwu utilise des informateurs », raconte comment, au Xᵉ siècle, sous la férule du dictateur militaire de la province du Sichuan, la population tout entière était épiée par la police secrète : nul n'osait dire un mot de crainte que son voisin ne fût un agent secret. Pour nous autres Occidentaux, l'air de déjà-vu est tel qu'on hésite à porter des jugements hâtifs.

Les cent quarante-quatre affaires réunies dans le *Tang Yin Bi Shi* donnent une bonne idée de la grande diversité des affaires traitées par les cours de justice ordinaires ou supérieures ; elles couvrent toute l'échelle des affaires civiles et criminelles, de simples disputes autour d'un coupon de soie et du vol d'oignons jusqu'à l'homicide volontaire et à la haute trahison.

Cette diversité paraît intentionnelle. Gui Wanrong souhaitait visiblement présenter à ses collègues au moins un exemple de chacun des crimes et délits les plus courants, de manière à faire de son livre un manuel aussi complet que possible. Le *Tang Yin Bi Shi* offre donc un échantillon révélateur de la vie quotidienne

---

1. VAN GULIK, *Trois Affaires criminelles résolues par le juge Ti, op. cit.*, pp. 34-35.

chinoise et de ses problèmes. À côté des thèmes familiers du meurtre, du vol, du brigandage, des différends autour de la terre et des problèmes de succession, on y trouve aussi des affaires typiquement chinoises liées au manquement aux obligations de la piété filiale – crime majeur en Chine ancienne (affaires 14-A, 14-B et 25-A) –, à la magie (affaires 27-A et 53-A) ou résolues par des moyens surnaturels (affaires 29-A et B, 44-B). Dans les passages sur la jurisprudence, on notera également l'attention toute particulière prêtée au degré d'implication des parents du criminel – élément d'une importance suprême en droit chinois (affaires 58-A, 59-A, 61-A, 62-B et 63-B). Ces traits typiquement chinois éclairent d'un jour intéressant les différences entre us et coutumes occidentaux et chinois.

En même temps, la lecture attentive de ce recueil attire l'attention sur des similitudes frappantes. Çà et là, par exemple, on retrouve la trinité bien connue de la passion, de la cupidité et de la vengeance, qui paraissent à l'origine de la plupart des crimes capitaux. Ainsi ce document du XIIIe siècle souligne-t-il une fois encore l'uniformité fondamentale de la nature humaine par-delà la couleur de la peau et la race. Jamais on n'y insistera assez.

Robert H. Van Gulik

Traduit de l'anglais par Jacques Limoni.

Préface de Liu Li

De longue date, on lit des recueils d'affaires délicates, mais le recueil conçu et arrangé par le fonctionnaire de police Gui Wanrong est particulièrement riche en détails : en vérité, il est un miroir magique pour trancher des affaires. C'est un ouvrage que devraient étudier soigneusement tous ceux qui assument les fonctions de magistrat ou de préfet ; ils ne devraient plus se contenter de dire : « Ces affaires sont du ressort des autorités de la prison. »

Jadis, le juge Yu lui-même déclara qu'après avoir accumulé une « vertu occulte » en élucidant des affaires, il avait soudain fait élever son portail[1]. De même, le juge Qian[2], sous l'actuelle

1. Yu Gong, le « juge Yu », est le père de Yu Ding Guo (109-40 av. J.-C.), lui-même célèbre juge sous la dynastie des Han occidentaux ; cf. Étienne Balasz, *Le Traité juridique du Souei-chou*, Bibliothèque de l'Institut des hautes études chinoises, vol. IX, Leyde, 1954, p. 100, n. 28. Yu Gong est évoqué dans la biographie de Yu Ding Guo, dans le *Hanshu*, chap. 71. Alors que l'on réparait son portail, il dit : « Faites-le un peu plus haut afin qu'un attelage avec une couverture élevée et conduit par quatre chevaux puisse le franchir ; j'ai acquis une grande "vertu occulte" *(yinde)* à force de résoudre des affaires criminelles, et je n'ai jamais fait de tort à quiconque ; aussi mes fils et mes petits-fils se hisseront-ils certainement à de hautes fonctions (et ils auront donc besoin d'une maison avec un portail assez élevé pour laisser passer les voitures des hauts fonctionnaires. » *Yinde* signifie, littéralement, « mérite caché » ; le mot est généralement employé pour désigner des personnes dont les faits et gestes méritoires demeurent inconnus. Les sages décisions d'un magistrat ne pouvant guère être qualifiées de « cachées », il s'agit ici, me semble-t-il, d'une allusion aux mérites portés au crédit d'un vivant dans les livres que tiennent les juges de l'Autre Monde ; le *yin* désigne aussi l'Au-delà, par opposition au *yang*, le monde des vivants. Cette interprétation s'accorde avec l'allusion à la prospérité des fils et des petits-fils, que les Puissances célestes leur ont accordée en récompense des mérites de leur père et grand-père. D'où ma traduction de *yinde* par « vertu occulte ».

2. Qian Ruoshi ; voir la note de l'affaire 1-B, « Qian Ruoshi découvre une jeune servante cachée ».

dynastie, n'a acquis son talent pour résoudre les affaires par d'habiles questions qu'après avoir été nommé préfet. Monsieur Gui ayant achevé ce volume alors qu'il n'occupait que de modestes fonctions, qui peut dire à quelles hauteurs il s'élèvera dans sa carrière ?

Je m'empresse de donner ce livre à imprimer, afin qu'il puisse circuler largement.

Écrit le jour de la pleine lune de la dixième lunaison de l'an 1213 par Liu Li de Butian, dans la bibliothèque de la préfecture de Jinling (Nankin).

Préface de Gui Wanrong

Au printemps de 1207, ayant été nommé inspecteur du district de Yugan, dans la préfecture de Rao, j'ai rejoint mon poste. Mon prédécesseur Sun Qiyu, originaire de Wuling, m'entretint une journée entière. Quand nous en vînmes à évoquer la tâche d'un juge, il me dit :

« Tous les fonctionnaires en charge d'affaires judiciaires sont bel et bien les gardiens du peuple ; la faveur du Ciel et les fortunes de l'État reposent sur eux. Ceux qui les assument doivent se montrer plus diligents que quiconque. Dernièrement, un fonctionnaire de justice de Yiyang a été assassiné. Cela s'est produit dans la soirée, et nul ne savait qui était le coupable. L'officier chargé de retrouver le criminel a arrêté un dénommé Yuda, qu'il a fait traduire en justice. Toutes les preuves nécessaires ont été produites et l'homme a avoué, tandis que trois autres personnes ont été impliquées. Toutes les autorités concernées ont été unanimes dans leur verdict alors que, pour ma part, je ne pouvais me défendre d'un doute. Je me suis rendu en personne chez le préfet et l'ai imploré d'ajourner l'affaire. J'ai de nouveau publié une offre de récompense aux informateurs et dépêché mes agents secrets partout afin de mettre la main sur le vrai criminel. Très vite, j'ai attrapé un dénommé Gong Li, qui fut dûment exécuté. Sinon, quatre innocents eussent été injustement envoyés à la mort ; si personne n'avait réparé le tort qui leur avait été fait, qui eût été en faute ? »

À ces mots, je tressaillis et l'effroi me saisit. Dans un soupir, je pensai à notre maître Confucius et au livre qu'il lisait si souvent qu'il dut en changer les cordes à trois reprises[1]. Dans l'explication illustrée du 61e hexagramme, *Zhong fu*[2], il souligne tout particulièrement que l'homme de bien « discute des affaires criminelles afin de remettre des peines de mort ». Les hommes de bien d'autrefois se consacraient de tout cœur à l'application exacte des lois criminelles immuables[3]. Monsieur Sun en est en vérité un exemple.

Après être retourné dans l'Est et avoir été provisoirement nommé inspecteur de police de Jiankang, je méditai souvent sur ce sujet, comme souffrant d'un grand chagrin[4]. Puis, dans mes heures de loisir, je pris le *Yi Yu Ji* de He Ning et de son fils, et, me référant également au *Zhe Yu Gui Jian* de Cheng Ke, originaire de Kaifeng, je sélectionnai des affaires parallèles et y ajoutai des titres : au total, soixante-douze paires dont les titres se répondent. Et je donnai à mon recueil le titre de *Tang Yin Bi Shi*, *Affaires résolues à l'ombre du poirier*. Grâce à ces exemples, tous ceux qui partagent mes préoccupations pourront mesurer l'esprit de compassion qui régnait parmi les juges des générations successives, mais aussi étudier le zèle exemplaire qui les animait. La subtilité dans l'investigation et la prudence extrême dans leurs jugements ne doivent pas être des mots creux. Ainsi l'éthique confucéenne sera-t-elle manifeste sous le poirier, et sous le jujubier il n'y aura point de cris la nuit[5]. Qu'il sera grand le bonheur[6] tiré de l'authentique respect du peuple !

---

1. Allusions au *Yi Jing*, « livre classique de la divination ». Confucius raconta qu'il le lisait si souvent qu'il dut changer par trois fois les cordes ou lanières de cuir qui maintenaient ensemble les tablettes de bois.

2. Voir Cyrille J.-D. Javary et P. Faure, éd., *Yi Jing. Le Livre des changements*, Paris, Albin Michel, 2002, Hexagramme 61, p. 982 sq. *(N.d.T.)*

3. Cité d'après le *Livre des rites*, chap. *Wang Zhi*, section iii, 15 : « Le droit pénal est pareil à un corps : un corps doit être complet et, étant complet, il ne peut être changé. Aussi l'homme de bien se consacre-t-il de tout cœur (à sa bonne application). »

4. Citation de l'ode « Bu Zhou » du *Livre des odes (Shi Jing)*, section *Guo Feng*.

5. Cf. introduction, section consacrée à la procédure judiciaire.

6. Allusion à un passage des œuvres du philosophe Yang Xiong (53 av. J.-C.-18 ap. J.-C.), qui répondit à un homme d'épée partisan de la manière forte : « Les gardiens de prison peuvent-ils forcer les gens à les respecter vraiment par des châtiments cruels ? »

C'est pourquoi, sans fuir le crédit douteux qu'il me vaudra[1], j'entends donner ce livre à imprimer, qu'il puisse circuler largement.

Préface écrite par Gui Wanrong, de Siming, le quinzième jour du mois intercalaire de l'an 1211.

1. Allusion au premier paragraphe du *Zhuang Zi*, chapitre « Yang sheng », « principe vital » : « Qui fait le bien n'en est pas forcément crédité. »

Postface de Gui Wanrong

À la septième lune de l'année 1234, en ma qualité de secrétaire du ministère de la Justice, la faveur m'a été accordée de m'adresser au trône. J'ai d'abord parlé respectueusement de l'empereur, qui préserve l'unité de dessein de tous les fonctionnaires[1], qui à leur tour, par leur diligence, veillent au respect des principes de base du gouvernement. Puis j'ai discouru avec respect du trône, qui réfrène l'avidité des fonctionnaires subalternes, consolidant ainsi les fondements de l'État.

Nonobstant le gouffre qui sépare le trône de ma personne, l'empereur a daigné me louer, et la Voix précieuse a dit : « Nous avons vu le *Tang Yin Bi Shi* que tu as écrit autrefois et nous savons que tu es capable de résoudre les affaires judiciaires. » J'ai alors plaidé avec respect : « Lorsque le serviteur de Votre Majesté a été nommé inspecteur de police de la préfecture de Jiankang, mon affectation provisoire a été longue. Aussi ai-je mis à profit cette période d'attente pour compiler cet ouvrage, afin d'accroître mon savoir. Comment aurais-je pu espérer que le trône, prodigue de ses faveurs, jugerait ce livre insignifiant digne d'un regard ? » L'empereur m'a accordé de me retirer de la salle d'audience, j'ai respectueusement accepté mon renvoi et j'ai quitté le palais.

Puis certaines personnes ont insisté pour avoir cet ouvrage. J'ai donc pris la première édition imprimée dans la lointaine Nankang et l'ai faite réimprimer en plus grand nombre dans l'espoir,

1. Allusion à la section *Taizhe* du Livre des documents : « J'ai trois mille fonctionnaires, mais ils ne font qu'un dans leur dessein. »

d'abord, qu'il puisse faire connaître la vertu d'amour de l'empereur pour tous les êtres vivants, et, ensuite, qu'il puisse accroître parmi les fonctionnaires leur propension à compatir avec ceux qu'ils dirigent.

Écrit avec respect à la pleine lune de la dixième lune par le *Chao San Da Fu* Gui Wanrong, dernièrement nommé académicien du pavillon de Baozhang, préfet de Changde.

Colophon de Zhang Fu

Les affaires judiciaires sont choses graves, et celles qui donnent matière à douter sont plus graves encore ; l'homme de bien doit s'y consacrer de tout cœur. Mais ceux qui ont aujourd'hui en charge ces fonctions peuvent-ils s'y consacrer de tout cœur ?

Mon beau-frère Gui, dit Mengxie, est un grand lecteur, mais il ne lit pas le Code pénal. Pourtant, l'innocent persécuté le remplit toujours de compassion. Quand son mandat de chef de police eut expiré, il retourna dans sa ville natale, où il fut provisoirement nommé au poste d'inspecteur de police de la préfecture. Quand on lui demandait pourquoi il s'était satisfait de ces humbles fonctions de chef de police, il répondait : « Elles étaient en accord avec mes dispositions. » Et quand on lui demandait pourquoi il avait consenti à cinq années d'affectation provisoire, il répondait : « C'est exactement ce que je voulais. » C'est à cette époque qu'il sélectionna dans de vieux ouvrages des matériaux concernant l'élucidation d'affaires judiciaires, y faisant montre d'un jugement plus subtil et d'une plus grande familiarité avec le sujet que le duc He de Lu, quand il écrivit le *Yi Yu Ji*, et que M. Cheng Ke, lorsqu'il compila le *Zhe Yu Gui Jian*. Soudain apparut l'affinité des affaires parallèles, tandis que les doubles titres assortis prirent tout leur sens. Ainsi rassembla-t-il soixante-douze épisodes. Ils prouvent que si un juge est scrupuleux dans son approche, il peut espérer n'avoir jamais à se repentir de ses décisions par la suite.

J'ai lu cet ouvrage avec respect, et j'estime qu'il offre aux fonctionnaires de notre temps les méthodes les plus importantes pour démasquer un mal caché[1], et ce faisant augmente leurs connaissances. Ceux qui en auront maîtrisé la substance trouveront superflus les multiples autres livres semblables. Sitôt que cet ouvrage sera en circulation, il ne subsistera probablement dans notre empire pas un seul homme lésé. De surcroît, méditant son contenu, je me risque à affirmer que toutes sortes de stratagèmes n'ont pas été employés dans les jours glorieux les plus anciens, mais qu'on ne les trouve que plus tard : ainsi de la soie battue dont tombent des débris d'acier (affaire 26-A), de la peau d'agneau frappée pour vérifier la présence de sel (26-B), de l'ouverture d'une tombe pour y trouver des voleurs (65-A) ou encore de l'or modelé pour étayer une fausse accusation (57-B). Serait-ce que les coutumes du temps jadis étaient encore si pures qu'on n'avait nul besoin de méthodes pour démasquer les criminels ? Mais les gens des périodes suivantes sont pareils à des démons et à des gobelins[2] ; si donc les juges n'employaient pas ces méthodes, jamais ils ne découvriraient la vérité.

Quand je médite ces mots de notre maître Confucius suivant lequel l'homme de bien « discute des affaires criminelles afin de remettre des peines de mort », je m'aperçois que cela se fonde exclusivement sur l'explication de la « confiance absolue[3] » ; seuls ceux qui, dans l'empire, sont d'une sincérité totale peuvent amener les gens à dire la vérité et comprendre toutes les situations ; ils démasqueront ce qui est protégé par le bronze ou la pierre et influenceront même les fantômes et les esprits.

J'irai plus loin. Si l'on « examine les sentiments de l'accusé en l'écoutant parler » et que l'on « s'assure de sa culpabilité sur la base des cinq plaidoiries », sans fléchir ni défaillir, l'atmosphère du tribunal sera claire et lumineuse, le prestige impérial sera respecté, soutenant ainsi largement tous les responsables. Qu'en de pareilles circonstances on ne puisse détecter les sentiments humains, je me

1. Expression courante dans la littérature juridique.

2. *Yu* : espèce de gobelins particulièrement méchants, qui se cachent dans le sable au fond d'une rivière. Que l'ombre d'un homme effleure l'eau, les gobelins le tuent.

3. *Zhong fu*, 61e hexagramme du *Yi Jing*. Voir Cyrille J.-D. Javary et P. Faure, éd., *Yi Jing. Le Livre des changements*, Paris, Albin Michel, 2002, p. 982 sq. *(N.d.T.)*

refuse à le croire. En tout état de cause, mon beau-frère s'est évertué à y parvenir.

Quand j'étais en poste à Zhejiang-Est, chargé du maintien de la paix, mon beau-frère est venu à Shaoxing et m'a soumis le manuscrit de son livre. Peu après, il a dû rejoindre Nankin pour prendre ses fonctions, passant de nouveau par Shaoxing. Je lui ai alors rendu le manuscrit, y ajoutant ce colophon en guise de cadeau de séparation.

Écrit le jour de la pleine lune de la dixième lunaison de l'an 1211, par Zhang Fu.

AFFAIRES RÉSOLUES
À L'OMBRE DU POIRIER

(Tang Yin Bi Shi)

1.

A. Le vice-président Xiang Minzhong[1] démasque un criminel

Sous la dynastie des Song du Nord*, à l'époque où Xiang Minzhong, le vice-président du Ministère, était juge à la capitale de l'Ouest, un moine demanda l'hospitalité pour une nuit dans un petit village. Mais le maître de maison refusa. Le moine dut alors s'improviser une couche dans une charrette vide qui se trouvait devant la porte. Au milieu de la nuit, il vit soudain un voleur enjamber le mur de la cour et s'enfuir avec l'une des épouses de ces lieux ; il avait aussi volé divers biens. Le moine se sauva à son tour, de peur d'être accusé dès le lendemain par le mari. Dans l'obscurité, il traversa un terrain vague, et tomba tout à coup dans un puits qui était à sec. La femme qui venait d'être enlevée avait été tuée, et son corps gisait dans ce même puits. Le mari avait poursuivi le moine jusque-là. Il le fit arrêter et l'amena au tribunal de la capitale. Le moine ne put supporter l'interrogatoire sous la torture, et reconnut le crime qu'il n'avait pas commis. Il déclara qu'il avait violé cette femme avant de prendre la fuite avec elle. Puis il l'avait tuée pour qu'elle ne le dénonçât pas. En jetant son corps dans le puits, son pied avait glissé, et il était tombé avec le corps. Les biens volés et le couteau du crime, il les avait laissés au bord du puits : quelqu'un les avait sans doute emportés. L'affaire

1. Xiang Minzhong (948-1019) était un fonctionnaire compétent. Il fut admis à la cour après avoir occupé les fonctions de magistrat et de préfet de district.

* L'astérisque renvoie à la chronologie, *infra*, p. 231. (L.B.)

du moine paraissait classée. Mais comme personne n'avait retrouvé l'arme ni les biens volés, Xiang Minzhong douta de la culpabilité du moine et l'interrogea de nouveau. L'accusé ajouta seulement que ce meurtre avait dû être inscrit dans une autre vie ; il ne put rien ajouter d'autre pour sa défense. Le juge poursuivit son interrogatoire et finit par obtenir la vérité. Il envoya derechef, et en secret, un garde pour retrouver le vrai coupable. Le garde s'arrêta pour prendre un repas dans l'une des auberges du village. Une vieille femme, qui avait entendu dire qu'il venait de la capitale, lui demanda des nouvelles du moine inculpé, sans savoir qu'elle s'adressait à un garde du tribunal :

« Il a été mis à mort hier, sur la place du marché », mentit le garde.

La vieille demanda :

« Et maintenant, si le véritable auteur du crime était retrouvé, que se passerait-il ?

– Dans ce cas, le juge aurait rendu un faux jugement. Comment oserait-il inquiéter un autre suspect ?

– Alors, je peux vous le dire à présent : le meurtrier est un jeune garçon de notre village ! »

Le garde s'enquit de son adresse, et le retrouva avec les biens volés.

B. Qian Ruoshui[1] découvre une jeune servante cachée

Sous la dynastie des Song du Nord, à l'époque où Qian Ruoshui était juge dans la préfecture de Dong Zhou, une jeune servante d'une famille aisée disparut. Ses parents portèrent plainte contre la famille qui en avait eu la responsabilité. Or l'inspecteur qui travaillait sous les ordres du juge devait de l'argent à cette famille, et, sans se soucier de savoir où s'était cachée la jeune fille, il s'empressa d'accuser le père et le fils de l'avoir tuée et de s'être débarrassés du corps en le jetant dans la rivière. Sans se soucier

1. Qian Ruoshui (960-1003) était un fonctionnaire réputé pour son sens de l'administration et pour sa perspicacité dans les affaires judiciaires.

non plus de savoir qui des deux avait porté le coup fatal, il les promit à la mort.

Quand l'instruction fut achevée, seul Qian Ruoshui continua de douter de leur culpabilité. Il ajourna le procès sans prononcer de verdict. Tout le monde dans la préfecture, du simple commis au mandarin le plus haut placé, s'en étonna. L'inspecteur affirma que le juge avait certainement été corrompu par la famille aisée, ce que nia ce dernier, avec un sourire. Une dizaine de jours plus tard, Qian Ruoshui se rendit chez le préfet, et s'entretint avec lui en privé : « J'ai ajourné le procès, car je désirais d'abord savoir où se cachait la jeune fille ; elle a maintenant été retrouvée ! »

Le préfet fit amener la fugitive chez lui, puis la fit sortir inopinément de derrière un rideau et la confronta à ses parents. Très surpris, ceux-ci reconnurent qu'il s'agissait bien de leur fille. Les accusés furent acquittés. Le préfet voulut informer l'empereur du grand mérite de Qian Ruoshui, mais ce dernier s'y opposa fermement. La cour eut néanmoins vent de cette affaire, et le juge de Dong Zhou fut promptement promu à l'échelon supérieur.

2.

A. Cao Qu[1] innocente une veuve

Sous la dynastie des Jin de l'Ouest[2], à l'époque où Cao Qu était magistrat de Lin Zi, vivait une veuve qui s'occupait de sa belle-mère avec une grande attention. Comme elle était encore jeune, la belle-mère la pressait de se remarier. Mais la veuve insistait pour rester fidèle à son défunt mari. La belle-mère en fut si contrariée qu'elle se suicida à l'abri de tout regard.

La famille accusa aussitôt la belle-fille de meurtre, et la jeune veuve, qui ne put supporter l'interrogatoire sous la torture, s'accusa du crime qu'elle n'avait pas commis. Cao Qu venait juste de prendre sa charge de magistrat. Il mit en doute les aveux de l'accusée et fit procéder à une enquête minutieuse, qui clarifia cette affaire.

Tout le monde alors loua sa perspicacité.

---

1. Cao Qu mourut en 308. Il fut réputé pour son efficacité et son équité. Lorsqu'il était en poste à Lin Zi, il réussit à résoudre de nombreuses affaires difficiles. On raconte aussi que, le jour du Nouvel An, il libéra les prisonniers détenus dans les prisons de sa juridiction afin qu'ils puissent tous rendre visite à leur famille. Contre toute attente aucun ne manqua de regagner sa cellule le jour dit. Il fut tué lors d'un combat, et les habitants pleurèrent sa mort comme s'il s'agissait de leur père ou de leur mère.

2. 265-316, capitale à Luo Yang, dans la province du Hu Nan.

B. Pei Jun[1] obtient l'acquittement d'un époux

Sous la dynastie des Tang*, à l'époque où Pei Jun était commandant militaire de Xiang Yang, un habitant de son district était marié à une femme qui avait pris son voisin pour amant. Un jour, elle prétendit souffrir d'une fièvre très grave, et dit à son époux :

« Le médecin m'a recommandé de manger de la viande de chien. Si tu parviens à t'en procurer, je serai guérie.

– Nous n'avons pas de chien chez nous ; comment puis-je trouver cette viande ? répliqua son mari.

– Le chien de notre voisin de l'Est vient souvent nous dérober de la nourriture. Pourquoi ne l'attraperais-tu pas pour l'abattre ? »

Le mari agit alors selon les désirs de sa femme, et lui donna la viande à titre de remède. Elle en prit quelques bouchées et dissimula le reste dans une boîte à vêtements. Puis, dès que son mari eut quitté la maison, elle se précipita chez son amant et lui dit d'aller porter plainte contre son mari pour le meurtre de son chien. L'affaire fut donc portée devant le tribunal.

Le mari fut convoqué, et raconta comment sa femme l'avait forcé à commettre le délit.

Pei Jun se dit : « Cette femme doit avoir un amant. C'est sans doute pour cela qu'elle a cherché à compromettre son mari. »

Il fit ouvrir une enquête et ne tarda pas à découvrir la nature de la relation qui unissait la femme à son voisin. Il les condamna et acquitta le mari.

1. Pei Jun fut promu au ministère du Personnel sous le règne de l'empereur Xian Zong (805-820). Puis, de nouveau nommé commandant en province, il fut anobli avec le titre de duc de Xun.

3.

A. Cheng Hao[1] interroge un vieux barbon

Sous la dynastie des Song du Nord, à l'époque où Cheng Hao était préfet de Jin Cheng, vivait un homme riche du nom de Chang. Il avait un fils. Peu après la mort de Chang, un vieil homme se présenta chez lui et dit au fils : « Je suis ton père, et je suis venu pour vivre à tes côtés. »

Le fils, abasourdi par cette étrange affirmation, porta l'affaire devant le tribunal pour que le cas soit tranché. Le vieil homme déclara : « Je suis médecin. Un jour, j'ai dû me rendre auprès d'un patient qui habitait loin de chez moi. Pendant mon absence, ma femme accoucha d'un fils. Nous n'avions pas les moyens de l'élever, et elle se résolut à le confier à la famille Chang. Il fut décidé que tel jour de tel mois de telle année l'enfant serait conduit chez eux. Il a grandi depuis dans cette famille et fut considéré comme l'un des leurs. »

Cheng Hao remarqua : « Ces événements se sont déroulés il y a bien longtemps déjà ; comment pouvez-vous vous souvenir de cette date avec autant d'assurance ?

– Je l'ai écrite moi-même au bas de mon carnet de prescriptions. Quand j'ai appris ce qui s'est passé, je venais juste de rentrer de voyage. »

---

1. Cheng Hao (1032-1085) était un grand écrivain de la dynastie des Song du Nord, et ses écrits influencèrent ceux du philosophe néoconfucéen Zhu Xi (1130-1200).

Pour toute preuve, le vieil homme montra son carnet. Il y était écrit : « Un certain jour de telle année et de tel mois, quelqu'un a emmené l'enfant pour le remettre au vieux monsieur Chang. »

Cheng Hao demanda ensuite au fils de Chang quel était son âge. Il répondit qu'il avait trente-six ans.

« Quel âge avait votre père quand il est décédé ?

– Soixante-seize ans. »

Cheng Hao se tourna alors vers le vieil homme, et lui dit :

« Quand cet homme est né, son père avait à peine quarante ans. Comment se fait-il que votre livre de prescriptions le désigne par le terme de *vieux monsieur Chang ?* »

Le médecin, confondu, confessa son crime[1].

B. Bing Ji[2] met un enfant à l'épreuve

Sous le règne de l'empereur Xuan[3], de la dynastie des Han de l'Ouest*, vivait à Chen Liu un vieil homme de plus de quatre-vingts ans, riche, mais sans héritiers mâles. Sa première femme, décédée, lui avait laissé une fille qui était déjà mariée. Il se remaria enfin, et sa nouvelle épouse lui donna un fils. Quelques années plus tard, quand le vieil homme mourut, sa fille désira devenir l'unique héritière de ses biens et prétendit, pour ce faire, que le fils qu'il avait eu en secondes noces n'était pas de lui. Les administrateurs du village, ne pouvant résoudre ce conflit, confièrent l'affaire aux autorités de la capitale. Bing Ji, qui était alors Chef des prisons, observa simplement : « J'ai entendu dire que les enfants nés de parents âgés ne supportent pas le froid, et que, lorsqu'ils sont en plein soleil, leur corps ne projette pas d'ombre. »

C'était alors la huitième lune ; Bing Ji rassembla plusieurs enfants du même âge que le garçon concerné. Chacun ne devait porter que ses sous-vêtements. Seul l'enfant du vieil homme

1. Voir aussi l'affaire 36-A : *Le greffier Cheng Hao et l'ancienne monnaie.*

2. Bing Ji mourut en 55 av. J.-C. Ce fonctionnaire était réputé pour son honnêteté et sa perspicacité dans le domaine judiciaire.

3. 73 - 49 av. J.-C.

sembla souffrir. Puis il le conduisit avec les autres enfants sous le soleil, et ce fut le même qui ne projeta pas d'ombre.

La fille du vieil homme fut punie pour calomnie envers sa belle-mère.

4.

A. Li Chong[1] rend un fils à son père

Sous la dynastie des Wei du Nord*, à l'époque où Li Chong était préfet de Yang Zhou, le petit garçon de trois ans d'un nommé Xun Tai, qui habitait dans l'un des districts de sa juridiction, disparut. Un peu plus tard, Xun Tai le retrouva dans la maison d'un certain Zhao Fengbo. Xun Tai et Zhao Fengbo prétendaient tous les deux être le père de l'enfant, et chacun pouvait le prouver par plusieurs témoignages de leurs voisins. Aucune autorité, ni au niveau du district ni au niveau de la préfecture, n'arrivait à se prononcer sur cette affaire.

Li Chong les fit mettre chacun dans une cellule séparée. Quelques jours après, sans préparer les deux pères, il leur fit savoir que l'enfant était mort d'une manière subite. Tandis que Xun Tai sombrait dans le plus terrible désespoir, Zhao Fengbo se contenta de soupirer sans paraître véritablement affecté.

L'enfant fut donc remis à Xun Tai, et Zhao Fengbo avoua son forfait[2].

---

1. Li Chong mourut en 583. Surnommé « le Tigre endormi », *Wo Hu*, il fut nommé préfet dans différents districts et respecté pour son honnêteté et son aptitude à résoudre des affaires difficiles.

2. Nous retrouverons Li Chong dans l'affaire 27-A : *Le préfet de Yang Zhou fait fouetter une sorcière.*

B. Huang Ba[1] blâme une sœur aînée

Sous la dynastie des Han de l'Ouest*, à Ying Chuan, vivait une famille aisée, dirigée par deux frères qui se partageaient la maison de leurs parents. Leurs deux femmes tombèrent enceintes en même temps. L'épouse de l'aîné fit une fausse couche. Quant à l'épouse du cadet, elle donna naissance à un fils. L'épouse de l'aîné s'empara du bébé et déclara qu'il était le sien. Durant trois ans, les deux clans se disputèrent l'enfant ; puis le litige fut enfin porté à la connaissance du juge Huang Ba. Il fit venir au tribunal un gardien avec l'enfant dans les bras, et dit aux deux épouses que l'enfant appartiendrait à celle qui réussirait à l'attraper. L'épouse de l'aîné tenta de s'en saisir avec violence, mais l'épouse du cadet se garda du moindre mouvement par crainte de blesser l'enfant. Huang Ba s'adressa à la première épouse et la blâma :

« Vous n'avez d'yeux que pour l'héritage, et à aucun instant vous n'avez songé que vous auriez pu blesser cet enfant ! »

Le juge le remit alors à la seconde épouse[2].

1. Huang Ba mourut en 51 av. J.-C. Il étudia le droit dès sa jeunesse et devint un juge célèbre qui prit position contre l'usage des châtiments cruels encore pratiqués à son époque.

2. Voir aussi l'affaire 25-B : *Huang Ba fait exécuter trois hommes sans hésitation.*

5.

A. Ouyang Ye[1] démasque un gaucher

Sous la dynastie des Song du Nord, à l'époque où Ouyang Ye était préfet de Duan Zhou, un soldat de Gui Yang fut battu à mort sur un bateau, lors d'une dispute. Pendant longtemps, aucun verdict ne put être rendu, personne, parmi les participants à la bagarre, ne pouvant établir l'identité de celui qui avait porté le coup fatal. Enfin, Ouyang Ye fit sortir tous les suspects de prison et leur donna un repas. Puis il les renvoya tous dans leur cellule, à part un qu'il retint auprès de lui. L'homme avait manifestement peur.

« Tu es le meurtrier ! » affirma Ouyang Ye.

Le coupable ne comprenait pas comment il avait été démasqué.

« Pendant que tous les suspects prenaient leur repas, j'ai remarqué que tous se servaient de leur main droite. Toi, seul, tu as utilisé ta main gauche. Or les blessures du soldat se situent toutes sur le côté droit de son corps. Seul un gaucher a pu lui porter ces coups. C'est donc toi qui l'as tué ! » expliqua Ouyang Ye.

L'accusé confessa son crime.

1. Ouyang Ye était probablement parent du célèbre écrivain et haut fonctionnaire de la dynastie des Song du Nord, Ouyang Xiu (1007-1072). Ce dernier rédigea le texte de cette affaire, qui fut gravé sur la tombe de Ouyang Ye.

B. Qian Weiji[1] et le bras droit du coupable

Sous la dynastie des Song du Nord, à l'époque où Qian Weiji était préfet de Qiang Zhou, vivait un vendeur d'écorce de mûrier ; un voleur tenta de lui arracher sa marchandise, en vain. Le voleur se coupa au bras droit, et accusa le vendeur d'avoir voulu le tuer. Personne ne pouvait se prononcer sur cette affaire. Qian Weiji soumit le voleur à un interrogatoire, et lui fit donner à manger en face de lui. L'homme se servit de sa main gauche pour lever sa cuillère.

« Lorsque quelqu'un entaille le membre de quelqu'un d'autre, la lésion est profonde sur la partie supérieure, elle l'est moins sur la partie inférieure. Or, dans le cas présent, la lésion est plus profonde sur la partie inférieure que sur la partie supérieure. Le coup manque d'assurance, et je ne peux l'attribuer qu'à ta main gauche qui a elle-même entaillé ton bras droit ! » expliqua Qian Weiji.

Le coupable avoua son méfait.

1. Qian Weiji fut commandant dans l'armée de Wu Chang, sous le règne de l'empereur Ren Zong (1023-1063). En tant que juge, il se montra très sévère, et l'on raconte qu'il restait de marbre devant les supplices les plus cruels.

6.

A. Shen Kuo, de la gorge et du larynx

Le lettré Shen Kuo dit :

« De nos jours, on fabrique une sorte de sifflet en bambou, en bois, en ivoire ou en os. On place le sifflet dans la gorge d'une personne pour qu'elle puisse parler et articuler des mots en soufflant ; c'est pourquoi on appelle cet objet le "sifflet de larynx". Un jour, un muet qui venait d'être agressé se trouva incapable de raconter ce qu'il venait de subir. Le juge, pour entendre sa déclaration, essaya l'un de ces sifflets, l'insérant dans sa gorge. Les sons produits ressemblaient aux paroles d'une marionnette. On put comprendre assez de mots pour que justice soit rendue[1]. »

B. Li Nangong[2] et le nez du criminel

Sous la dynastie des Song du Nord, à l'époque où Li Nangong était juge dans le He Bei, un petit fonctionnaire fut jeté en prison

---

1. Shen Kuo (1030-1094), homme de lettres de la dynastie des Song du Nord. Cet instrument, ajoute Robert Van Gulik, peut en effet rendre la parole à ceux dont le mutisme est survenu à la suite d'une crise d'hystérie. Les spécialistes occidentaux du larynx insèrent aussi un tube à travers les cordes vocales pour faire parler un patient que l'hystérie a rendu muet. Il est intéressant de remarquer la découverte précoce de ce dispositif en Chine, au XIe siècle.

2. Li Nangong (1067-1087) exerça ses fonctions sous le règne de l'empereur Shen Zong (1067-1085).

pour avoir commis un délit. Lors de l'interrogatoire, il n'avoua pas son forfait et n'ouvrit pas la bouche, même pour se nourrir : il se priva ainsi de nourriture pendant cent jours. Les gardes n'osaient plus le torturer car, dans son état, toute violence aurait été fatale. « Je peux faire en sorte qu'il se nourrisse sur-le-champ ! » déclara Li Nangong. Aussi fit-il venir le prisonnier et lui dit : « Si je te bouche le nez, seras-tu encore capable de refuser de manger ? » L'homme, effrayé par ces mots, accepta de s'alimenter de nouveau, et finit par avouer son crime.

Le prévenu connaissait l'art de s'alimenter grâce à l'air[1]. Dès lors que son nez eût été bouché, l'air dont il se nourrissait se fût arrêté de circuler[2].

---

1. À propos de cette technique taoïste qui consiste à s'alimenter avec de l'air, voir Henri MASPERO, *Le Taoïsme, mélanges posthumes sur les religions et l'histoire de la Chine*, t. II, Paris, 1950, p. 98.

2. Voir aussi l'affaire 39-A : *Li Nangong examine les ormes.*

7.

A. CHENG LIN[1], À PROPOS DE POÊLES

Sous la dynastie des Song du Nord, à l'époque où Cheng Lin était préfet de Kai Feng, un incendie se déclara dans les jardins du palais et toucha deux pavillons. Les eunuques interrogèrent avec insistance les tailleurs du palais, car ces derniers utilisaient, pour repasser les étoffes, des récipients de cuivre remplis de charbons incandescents. Les tailleurs prirent peur, et reconnurent les faits alors qu'ils étaient innocents. Ils furent conduits à la préfecture pour y être jugés. Cheng Lin ne fut pas convaincu de leur culpabilité, et ordonna à un dessinateur de tracer la progression de l'incendie. Puis il fit la remarque suivante : « Au sein du gynécée impérial vivent plus de personnes que les pièces ne peuvent en contenir ! Les poêles mobiles sont trop proches des murs en bois. Il suffit qu'ils brûlent trop longtemps pour leur faire prendre feu. C'est sans doute une calamité céleste ; on ne peut nullement l'attribuer à un être humain. »

L'empereur accorda sa clémence, et personne ne fut condamné à mort.

1. Cheng Lin (988-1056) était un fonctionnaire compétent et érudit. Après avoir été nommé dans différentes provinces, il occupa de hautes charges à la cour.

B. Qiang Zhi[1], à propos de rideaux

Sous la dynastie des Song du Nord, à l'époque où le directeur des Sacrifices du ministère des Rites, Qiang Zhi, était chef de la Garde impériale à Kai Feng, une pile de rideaux en bambou huilé avait été laissée dans la cour et, une nuit, l'ensemble prit feu. Selon la loi, les hommes qui avaient la charge de surveiller les rideaux devaient tous être exécutés. Dès le début, quand il eut connaissance de cette affaire, Qiang Zhi eut des doutes quant à l'origine précise de cet incendie. Il convoqua les artisans qui avaient fabriqué les rideaux et les interrogea.

« Pour fabriquer ces rideaux, répondirent les artisans, nous utilisons une huile qui doit être associée à une certaine substance. Si les rideaux enduits avec ce mélange restent trop longtemps empilés et exposés à l'humidité, ils peuvent prendre feu. »

Qiang Zhi transmit alors son rapport à l'empereur Ren Zong[2]. En le lisant, ce dernier s'exclama soudain :

« Un autre incendie s'est déclaré il y a peu de temps dans la tombe de l'empereur Zhen Zong[3]. Ce sont des vêtements, huilés eux aussi, qui furent à l'origine du feu. Dans le cas présent, il ne peut s'agir d'autre chose ! »

Les prévenus reçurent un blâme, mais furent libérés[4].

---

1. Qiang Zhi occupa le poste de magistrat dans différents districts avant de rejoindre l'entourage de Han Ji (1008-1075). Quand ce dernier devint Premier ministre, il offrit à Qiang Zhi un poste au ministère des Rites. Connu aussi en tant qu'écrivain, il rédigea la biographie de son bienfaiteur.

2. 1022-1063.

3. 997-1022.

4. Robert Van Gulik rapporte les précisions que Joseph Needham eut « la gentillesse » de lui donner à propos de la « substance » associée à l'huile. Il s'agirait de la chaux vive, que les artisans utilisaient comme agent blanchissant. Certaines étoffes huilées peuvent prendre feu au simple contact des unes avec les autres, sans avoir été au préalable traitées avec un produit chimique. Joseph Needham a aussi relevé, dans l'*History of Chemistry* de T. Thomson (Londres, 1830, vol. I, p. 293), la description d'un phénomène analogue. Sous le règne de Catherine II de Russie (1729-1796), deux incendies se produisirent, et tout le monde crut qu'il s'agissait d'un acte criminel. Seule l'impératrice estima que les feux avaient pu se déclarer de façon spontanée. Elle donna l'ordre de reconstituer l'incendie, et l'expérience prouva qu'elle avait raison.

8.

A. Une concubine et un petit officier empoisonnent M. Song

Sous la dynastie des Song du Nord, à l'époque où Fan Chunren[1] était préfet de He Zhong, l'un de ses subalternes, Song Tannian, tomba malade après un banquet qu'il avait donné chez lui. La même nuit, il mourut. L'une de ses concubines, qui avait un amant parmi les officiers, fut arrêtée avec lui pour être interrogée. Fan Chunren demanda un complément d'enquête, car la mort de son collègue ne lui paraissait pas naturelle. L'autopsie révéla que le sang s'était répandu par les neuf orifices du corps. Quant à la concubine et à l'officier, ils déclarèrent avoir versé du poison dans un plat de viande de tortue émincée. Fan Chunren demanda à quel moment du banquet ce plat avait été servi, et il apprit que l'émincé de tortue avait été présenté en même temps que les entrées.

« Est-ce possible que Song soit demeuré assis durant tout le banquet en ayant ingéré ce poison depuis le début du repas ! Les deux prévenus mentent, c'est certain ! » s'exclama Fan Chunren.

Il ordonna donc de poursuivre l'enquête.

Il s'avéra que Song n'avait pas touché au plat de tortue et que le poison avait été versé dans sa coupe d'alcool bien après le départ

1. Fan Chunren (1027-1101). Ce lettré occupa de hautes fonctions sous les règnes de l'empereur Zhe Zong (1085-1100) et de l'empereur Hui Zong (1100-1125). Il était réputé pour son honnêteté et son appétit de connaissances.

des invités. La concubine et son officier avaient remarqué qu'aucun des convives n'avait mangé de tortue, aussi avaient-ils affirmé y avoir versé du poison. Ils avaient espéré confronter le juge à un cas insoluble, ou, du moins, ajourner le procès de telle sorte que lorsque l'affaire serait de nouveau examinée, leur culpabilité paraîtrait moindre au point de leur éviter la peine capitale.

B. Une jeune esclave empoisonne M. Guo

Sous la dynastie des Tang, lorsque Guo Zhengyi s'empara de Pyongyang, il y obtint comme esclave une jeune fille coréenne nommée Yu Su. Elle était d'une grande beauté ; il lui confia, de retour en Chine, la garde de son trésor. Lorsque Guo avait envie de gruau de riz, même en pleine nuit, il désirait que personne d'autre qu'elle ne le lui prépare. Cependant, la jeune captive finit par empoisonner le plat préféré de son ravisseur. Les autorités la recherchèrent longtemps, ainsi que les objets en or et en argent qu'elle avait dérobés du trésor, mais elle demeura introuvable tout comme son butin. Quand la cour impériale eut connaissance de l'affaire, le commissaire Shi Liang, du quartier de Wan Nian à Chang An, reçut de l'empereur l'ordre d'arrêter la fugitive. Le chef de police du commissaire, Wei Chang, procéda avec méthode, selon un plan qu'il avait préparé. Il convoqua les jeunes servantes chinoises de M. Guo, et non les suivantes coréennes qui avaient accompagné Yu Su quand il s'était emparé d'elle pendant la guerre. À chacune il avait seulement demandé de se couvrir le visage afin que les gardes de M. Guo les prennent pour des Coréennes, et, ainsi, en leur présence défendent leur maître et disent la vérité. Il confronta trois des servantes au visage voilé aux quatre gardes du seigneur empoisonné. Puis il les interrogea : « Pendant ces dix derniers jours, qui s'est présenté à la demeure de M. Guo ? » Les gardes répondirent : « Un Coréen naturalisé a remis un message à l'intention du valet de chambre de notre maître. Il n'y était écrit qu'une seule phrase : “Il y a une maison vide dans le quartier de Jin Cheng.” »

Shi Liang se rendit aussitôt dans le quartier indiqué, et découvrit une maison dont toutes les issues étaient fermées. Il fit abattre la porte et trouva à l'intérieur la jeune esclave et le Coréen naturalisé. Par l'intermédiaire de ce dernier et du valet de chambre, la jeune fille avait trouvé refuge dans ce lieu. Sur l'ordre de l'empereur, ils furent décapités sur la place du marché de l'Est.

9.

A. Murong Yanchao[1] simule un vol

Sous la dynastie des Han postérieurs*, à l'époque où Murong Yanchao était gouverneur de Yun, il ouvrit une maison gouvernementale de prêt sur gages. Un escroc parvint à échanger deux faux lingots d'argent contre cent mille unités en liquide. Mais le fonctionnaire prêteur ne se rendit compte de cet abus que bien longtemps après les faits. Quand il l'apprit, Murong Yanchao ordonna en secret au prêteur de creuser un trou dans le mur de la maison et de faire enlever l'or et tous les objets de valeur, cela afin de simuler un vol. Puis il afficha sur la place du marché un avis de recherche pour capturer le prétendu voleur. L'avis précisait aussi que toute personne en mesure d'évaluer l'objet mis en gage serait dédommagée. Une foule de personnes se pressa pour venir reconnaître son objet sur la liste, et l'on finit par reconnaître dans la foule l'escroc aux deux faux lingots d'argent.

Il fut arrêté et avoua son escroquerie.

1. Murong Yanchao était un militaire reconnu pour sa vaillance au combat. On raconte qu'il avait un visage de couleur foncée et qu'il portait une longue barbe. Il se battit contre le futur empereur de la dynastie des Zhou postérieurs (951-960), mais subit une défaite. Il choisit alors de se suicider avec son épouse.

B. Gao Qianzhi[1] donne de faux espoirs à un voleur

Sous la dynastie des Wei du Nord, à l'époque où Gao Qianzhi était magistrat de He Yin, un homme remplit de cailloux un sac, acheta un cheval avec cette prétendue bourse pleine d'or, et disparut. Ordre fut donné d'arrêter le voleur. Gao Qianzhi tira un prisonnier de sa cellule, lui mit une cangue sur les épaules et l'exposa sur la place du marché aux chevaux. Un avis, posé à côté de lui, informait le public qu'il était un faussaire sur le point de recevoir son châtiment. Ensuite, le magistrat dispersa ses gardes incognito dans la foule pour qu'ils prêtent l'oreille aux commentaires des badauds. Quelqu'un s'exclama, l'air réjoui :

« Désormais nous n'avons plus rien à craindre ! »

L'auteur de ces mots fut arrêté et interrogé, et ses complices voleurs de chevaux capturés.

10.

A. Sun Fu[1] fait décortiquer du riz

Sous la dynastie des Song du Nord, à l'époque où Sun Fu était juge de Hua Zhou, le riz du grenier public s'avéra de mauvaise qualité, et l'officier qui en avait la charge aurait dû compenser une somme de plusieurs millions d'unités. Li Hong, le trésorier, livra l'officier entre les mains du juge pour qu'il évalue le montant de la compensation. Ce dernier ordonna que l'on prélevât un boisseau de riz du grenier afin de l'analyser. Un ou deux dixièmes seulement se révélèrent médiocres. Il fit réaliser un second prélèvement, et obtint le même résultat. L'officier fut relâché, mais ne dut compenser qu'une centaine de milliers d'unités.

Le trésorier ne manqua pas d'intervenir en faveur de Sun Fu pour qu'il soit promu à l'échelon supérieur.

B. Xu Yuan[2] fait brûler un bateau

Sous la dynastie des Song du Nord, à l'époque où Xu Yuan était, au début de sa carrière, attaché aux échanges commerciaux, il fut confronté à un cas de fraude qui le laissa désemparé. La

1. Sun Fu (998-1057) fut nommé juge à Hua Zhou, peu après avoir été reçu docteur au concours officiel des fonctionnaires. Il occupa divers postes et laissa de nombreux écrits après sa mort.

2. Xu Yuan était un fonctionnaire réputé pour son intelligence et ses compétences dans le domaine financier. Il occupa la fonction d'attaché aux échanges commerciaux pendant treize ans, et mourut après avoir été nommé trois fois préfet.

plupart des bateaux officiels coulaient les uns après les autres, et il semblait que les charpentiers facturâssent plus de clous qu'ils n'en avaient réellement posés. Or, comme personne ne songeait à remonter les épaves des bateaux naufragés, les charpentiers continuaient à présenter leurs fausses factures. Un jour, Xu Yuan ordonna de faire brûler un bateau qui venait juste de sortir des chantiers. Parmi les cendres, on retrouva seulement un dixième du total des clous qui avaient été payés.

Xu Yuan put ainsi établir le nombre exact de clous qu'il fallait désormais utiliser.

11.

A. Ma Zongyuan et la détention provisoire

Sous la dynastie des Song du Nord, à l'époque où Ma Zongyuan était encore jeune, son père, Ma Lin[1], frappa un homme et fut placé en garde à vue, le temps que les autorités puissent juger de la gravité du coup. Or l'homme qu'il avait blessé mourut, et Ma Lin, par conséquent, devait être exécuté.

Ma Zongyuan calcula le temps qui s'était écoulé entre le coup et l'ultime heure du délai d'observation à l'issue duquel on condamnait ou non l'agresseur en fonction de l'état de la victime. Or le délai d'observation avait pris fin une heure avant le décès. Ma Zongyuan en informa le préfet, et put faire libérer son père.

Ce trait d'habilité le rendit célèbre.

B. Wei Tao prouve qu'un homme est mort par accident

Sous la dynastie des Song du Nord, à l'époque où Wei Tao était magistrat du district de Yong à Yi Zhou, deux hommes qui étaient

1. Ma Lin était le fils de Ma Yuan (actif vers 1190-1230), un célèbre peintre de la dynastie des Song, qui se distingua par ses représentations de lettrés assis au bord de précipices, perdus dans la contemplation de cascades ou de vides terrifiants, dans lesquelles l'Occident a longtemps vu l'essence même de la peinture chinoise. Son fils, Ma Lin, n'avait pas autant de talent que son père, et ce dernier, pour l'aider, signa quelques-unes de ses propres peintures du nom de son fils. Néanmoins son rouleau vertical intitulé *En écoutant le vent dans les pins* est resté célèbre. (L. B.)

ennemis se battirent, et l'un des deux fut blessé. Après l'affrontement, les deux protagonistes rentrèrent chez eux, et le blessé mourut. Wei Tao mena tout d'abord son enquête sur les circonstances du décès, mais il ne put en savoir davantage, car le fils du défunt porta l'affaire devant le juge de la circonscription supérieure. Ce dernier entra dans une violente colère, et condamna sévèrement le laxisme de Wei Tao qui, selon lui, aurait dû commencer par appréhender l'accusé. Wei Tao poussa un soupir et dit : « Ma charge peut m'être retirée, mais on ne peut ôter la vie d'un homme dont la culpabilité n'a pas été prouvée ! »

Peu après, on put en effet reconstituer les faits. Alors que l'homme blessé regagnait son domicile la nuit de la bagarre, il tomba de cheval devant sa porte et mourut sur le coup. Après avoir entendu le témoignage des différents voisins, la cour prononça un non-lieu en faveur de l'accusé.

12.

A. Le commandant Sang Yi[1] garde sa palissade fermée

Sous la dynastie des Song du Nord, à la fin de la période Ming Dao du règne de l'empereur Ren Zong[2], la région à l'ouest de la capitale était accablée par la sécheresse et envahie par les sauterelles ; une bande de vingt ou trente voleurs avait investi ces lieux désolés. Le Bureau des affaires militaires ordonna au commandant de Yong An, qui se nommait Sang Yi, de découvrir le nom des voleurs et de les arrêter. Sang Yi raisonna de la façon suivante : « Ces voleurs me respectent, et mon nom suffira à les faire fuir. Je dois donc commencer par feindre d'avoir peur. »

Quand il arriva sur place, il garda la palissade fermée pour donner l'impression qu'il avait peur. Il recommanda aussi à ses officiers de ne pas sortir. Les hommes sous son commandement lui demandèrent à plusieurs reprises l'autorisation d'aller à la recherche des voleurs, mais Sang Yi ne permit à personne de quitter les lieux. Puis, une nuit, avec quelques soldats il se déguisa en voleur et partit sur les traces des vrais coupables, ce qui le mena à leur repaire, une maison de fermier où ils avaient l'habitude de se restaurer. À leur arrivée, toute la maisonnée se volatilisa. Seule une vieille femme resta dans la salle pour leur servir à manger et à boire, comme si elle avait affaire à la vraie bande de voleurs. Trois

1. Sang Yi était un militaire reconnu pour sa bravoure. Il fut tué en 1038, alors qu'il se battait contre le prince Li Yuanhao, qui s'était révolté. Voir, à ce sujet, l'affaire 41-B : *Zhen Xiliang porte secours à un fonctionnaire qui a quitté son poste sans autorisation.*

2. C'est-à-dire en 1033 du règne de l'empereur Ren Zong (1022-1063).

jours plus tard, Sang Yi revint avec la même suite et de la nourriture, dont il laissa une bonne part à la vieille femme. Cette dernière étant convaincue qu'elle avait devant elle d'authentiques malfaiteurs, Sang Yi commença à bavarder avec elle. Il évoqua la bande ; elle prit alors la parole et dit : « Quand ils ont appris l'arrivée du commandant Sang Yi, pas un seul n'est resté dans les parages ! Mais, comme ils ont entendu dire qu'il gardait la palissade de son camp bien fermée sans sembler vouloir partir à leur recherche, ils ont peu à peu réapparu. Un tel habite là, et tel autre ici ! »

Trois jours plus tard, Sang Yi lui rendit de nouveau visite, et lui remit une récompense substantielle. Après quoi, il révéla sa véritable identité : « Je suis le commandant Sang Yi, et je souhaite que vous m'indiquiez le repaire de chaque voleur. Et, bien entendu, tout cela devra rester entre nous ! »

Il sépara ses soldats en plusieurs groupes, et put ainsi capturer toute la bande.

B. Su Qin est exécuté sur la place du marché

À l'époque où Su Qin était conseiller auprès du royaume de Qi[1], les courtisans rivalisaient avec lui pour obtenir les faveurs du roi. Aussi se concertèrent-ils pour le faire assassiner, mais le tueur dut prendre la fuite après avoir seulement blessé Su Qin. Le roi tenta de retrouver le meurtrier, mais en vain. Su Qin, sur le point de mourir, dit au roi :

« Après ma mort, faites écarteler mon corps par deux chars, puis exposez-le sur la place du marché. Annoncez ensuite que j'ai été exécuté pour avoir voulu semer le trouble dans le royaume de Qi, au nom du royaume de Yan. Alors, vous retrouverez certainement mon meurtrier. »

---

1. Le royaume de Qi est l'un des sept royaumes de la période des *Zhan Guo* (Royaumes combattants), 403-222 av. J.-C. Voir aussi Henri Maspero, « Le Roman de Sou Ts'in », in *Études asiatiques*, Hanoi, 1925.

Le roi agit comme Su Qin l'avait demandé, et le meurtrier ne tarda pas, en effet, à se montrer pour réclamer sa récompense ; il fut exécuté, comme de juste.

13.

A. Gao Jie[1] brandit une botte volée

Sous la dynastie des Qi du Nord*, à l'époque où Gao Jie, prince de Ren Cheng, était préfet de Ping Zhou, une femme mariée lavait son linge au bord de la rivière Fen. Un voyageur à cheval passa par là. Il violenta la femme, et s'en fut après avoir laissé ses vieilles bottes et pris celles que la femme portait.

La victime ramassa l'une des bottes et se rendit chez le préfet pour porter plainte. Gao Jie rassembla toutes les vieilles femmes de la ville et leur montra la botte, puis il inventa cette version des faits : « Un cavalier vient d'être attaqué et volé sur la route. Vous voyez ici l'une de ses bottes. Y a-t-il, parmi vous, un parent de la victime ? »

Une vieille femme se frappa la poitrine, et dit en gémissant :

« Mon fils en portait de pareilles quand, hier, il est allé rendre visite à la famille de sa femme ! »

Ainsi l'agresseur de la femme mariée put être identifié et arrêté.

---

1. Gao Jie était le dixième fils de Gao Huan, qui participa à la fondation de la dynastie des Qi du Nord ; l'un des frères de Gao Jie, Gao Yang, devint le premier empereur de cette nouvelle dynastie. Nous retrouverons son cinquième frère, Gao You, dans l'affaire 19-A : *Le préfet de Ding Zhou identifie une peau de bête.* Gao Jie fut capturé avec son frère par l'armée des Zhou du Nord, et mourut avec lui. Il fut réputé pour son équité et sa bienveillance.

B. Yang Jin[1] retrouve la soie volée

Sous la dynastie des Zhou du Nord*, à l'époque où Yang Jin était préfet de Ji Zhou, un soldat reçut trois cents pièces de soie en récompense de ses prouesses militaires. Seuls dix *li*[2] le séparaient de sa ville, quand il fut gravement blessé par un voleur qui lui déroba toutes ses pièces de soie. Peu après, un messager qui passait par là put entendre la description du malfaiteur de la bouche du soldat, qui ne tarda pas à mourir de ses blessures.

Le messager se précipita chez le préfet pour rapporter l'incident. Yang Jin fit émettre un avis public : « Un homme vêtu d'habits de telle couleur et conduisant un cheval de telle race a été assassiné à une distance de dix *li* de l'est de la ville. Son identité n'est pas connue ; aussi tout parent concerné est prié de venir reconnaître le corps, et de le prendre afin de procéder aux funérailles. »

Une vieille femme s'avança et dit en pleurant : « Il s'agit de mon propre fils ! »

Le voleur put ainsi être arrêté, et la soie retrouvée.

1. Yang Jin fut préfet de Ji Zhou et de Hua Zhou et, entre 525 et 527, il fut nommé à Ding Zhou. Après l'avènement de la dynastie des Zhou du Nord, il fut promu général.

2. Un *li* équivaut à 576 mètres. (L. B.)

14.

A. Li Jie[1] ordonne l'achat d'un cercueil

Sous la dynastie des Tang, à l'époque où Li Jie était gouverneur de la province du He Nan, une veuve accusa son fils d'impiété filiale. Le fils ne déclara rien pour sa défense, et dit seulement ceci : « J'ai mal agi envers ma mère, et je recevrai la peine de mort sans protester ! »

Li Jie examina l'affaire, mais ne trouva nulle preuve concernant l'impiété filiale du fils. Il dit alors à la mère :

« Vous êtes veuve, et vous n'avez qu'un seul fils. La peine de mort s'impose pour le crime dont il s'est rendu coupable. Êtes-vous certaine de ne pas le regretter ?

– Un fils aussi désobéissant, pourquoi mériterait-il d'être épargné ! » répliqua la veuve. « Le cas est donc jugé ! Allez acheter un cercueil et apportez-le ici pour y recueillir le corps de votre fils après son exécution », lui ordonna Li Jie.

Puis il fit suivre la femme par un de ses gardes. La femme sortit du tribunal pour rejoindre un prêtre taoïste. « Tout est réglé ! » lui dit-elle.

Elle revint sans tarder au tribunal avec le cercueil. Li Jie espérait encore qu'elle revienne sur sa décision, mais elle ne changea pas d'avis. De son côté, le prêtre taoïste l'attendait devant l'entrée

1. Li Jie était un juge très connu pour sa perspicacité. Il fut promu gouverneur de la province du He Nan en 712 et termina sa carrière avec le titre de censeur en chef de la capitale.

du tribunal. En secret, Li Jie ordonna son arrestation. Il passa aux aveux dès le premier interrogatoire : « La veuve et moi sommes amants, mais son fils nous gênait dans notre relation ; c'est pourquoi nous voulions nous débarrasser de lui ! »

Li Jie fit battre à mort le couple criminel, et les deux corps furent placés dans le cercueil destiné au fils.

B. An Zhongrong[1] adresse un blâme et abat quelqu'un

Sous la dynastie des Jin postérieurs*, à l'époque où An Zhongrong avait été nommé commandant de Heng Zhou, un homme et sa femme accusèrent leur fils d'impiété filiale. An Zhongrong blâma le fils en présence de ses parents, puis il dégaina son épée et leur ordonna de tuer eux-mêmes leur fils. Le père s'effondra en larmes et dit qu'il n'aurait pas le courage de commettre un tel geste. En revanche, la femme maudit le fils, se saisit de l'épée et l'attaqua. An Zhongrong l'interrogea ; il s'avéra qu'elle était en réalité la seconde femme du père, donc la belle-mère du fils. Après l'avoir vilipendée, il banda son arc et décocha une flèche qui la tua sur le coup. Tous ceux qui apprirent cette nouvelle s'en réjouirent.

1. An Zhongrong était un valeureux général qui se battit contre le puissant empire des Kitan du Nord-Est, qui fonda en 947 la dynastie des Liao.

15.

A. Su Cai[1] intervient en faveur d'une sépulture commune

Sous la dynastie des Song du Nord, à l'époque où Su Cai exerçait ses fonctions à la Cour suprême de justice, vivait un homme dont la mère s'était remariée après la mort de son époux. Quand il apprit le décès de sa mère et que son enterrement avait déjà eu lieu, il décida de voler son cercueil afin de l'inhumer près de son père. Selon la loi, il aurait dû être condamné à mort pour violation de sépulture. Seul Su Cai intervint en sa faveur et dit :

« Un fils qui dérobe le cercueil de sa propre mère pour le replacer auprès du cercueil de son père ne peut être jugé comme un pilleur de tombes. »

Sur sa demande, la peine capitale fut commuée en une autre, plus légère.

B. Jia Yan[2] révoque un fonctionnaire qui n'observe pas le deuil

Sous la dynastie des Song du Nord, à l'époque où Jia Yan était chargé des affectations du personnel exécutif, Zheng Ze, juge de

1. Su Cai occupa diverses fonctions sous le règne de l'empereur Ying Zong (1063-1067), et se distingua dans le domaine judiciaire.

2. Jia Yan était réputé pour sa rigueur et pour les requêtes courageuses qu'il adressait à l'empereur. Les fonctionnaires qui observaient le deuil après le décès de leur père

Yi Zhou, partit pendant trois ans en mission dans la province du Si Chuan, sans savoir que son père était mort pendant son absence. Il ne revint s'occuper de l'enterrement qu'à partir du jour où sa mission avait pris fin, et avant que l'on ne décide à quelles nouvelles fonctions on le nommerait. Dès qu'il eut terminé de régler les funérailles de son père, il demanda un poste d'examinateur au concours officiel des fonctionnaires. Jia Yan fit cette remarque :

« Même si l'on ne peut accuser Zheng Ze d'avoir voulu dissimuler la mort de son père afin de conserver son poste, je ne peux pas reconnaître comme filiale la conduite de celui qui ne prend pas de nouvelles de ses parents pendant trois ans ! »

Aussi Zheng Ze fut-il démis de ses fonctions, et renvoyé à son village natal.

---

ou de leur mère quittaient leur poste pendant une durée de trois ans. Cette suspension d'activité permettait à nombre d'entre eux de prendre les seuls congés qui leur étaient alloués durant toute leur carrière, et la plupart mettaient à profit ces trois années de deuil pour se consacrer à leur œuvre personnelle. Cependant, pour certains fonctionnaires plus ambitieux, ces congés forcés n'annonçaient pas autre chose qu'une récession dans la progression de leur statut et, surtout, une perte de salaire. C'est pourquoi quelques-uns tentaient de se soustraire à cette règle.

16.

A. Zheng Zichan[1] décèle des signes néfastes

À l'époque des Printemps et Automnes[2], Zheng Zichan entendit un jour une femme pleurer au bord de la route. Il fit ralentir son char et indiqua à sa suite de s'arrêter pour l'interroger. Il s'avéra qu'elle avait tué son mari. Le cocher de Zheng Zichan demanda à ce dernier comment étaient nés ses soupçons.

« Lorsqu'un proche est malade, c'est le chagrin qui vous accable ; s'il est sur le point de mourir, c'est la peur qui vous terrasse ; s'il est décédé, c'est la tristesse qui vous envahit. J'ai simplement reconnu dans les pleurs de cette femme plus de peur que de tristesse, et donc qu'elle était coupable de meurtre. »

B. Yan Zun et les pleurs suspects

Sous la dynastie des Han de l'Est*, à l'époque où Yan Zun était préfet de Yang Zhou, il fit une tournée d'inspection dans les territoires qui dépendaient de sa juridiction. Il entendit soudain quel-

---

1. Zheng Zichan (581-521 av. J.-C.). Zichan est le nom de courtoisie de Gongsun Qiao, contemporain de Confucius, ministre réputé du royaume de Zheng. Considéré comme un spécialiste des affaires criminelles, on lui attribua la compilation du Code pénal. Dans le *Lun Yu (Les Entretiens)*, Confucius parle de Zi Chan en ces termes (l. V. 16) : « Le maître disait de Zichan qu'il se comportait en homme de qualité à quatre égards : "Il est courtois dans sa conduite privée, respectueux au service de ses supérieurs, généreux dans le traitement des gens du peuple et juste quand il les fait travailler." » (L. B.)

2. 722-481 av. J.-C., pendant la dynastie des Zhou.

qu'un, une femme, pleurer plus par peur que par chagrin. Il arrêta son char et interrogea la malheureuse.

« Mon mari est mort dans un incendie qui s'est déclaré par accident ! » répondit-elle.

Yan Zun eut des soupçons, et fit examiner le corps du défunt par l'un de ses gardes. Des mouches s'étaient regroupées sur le sommet de son crâne. Yan Zun sépara deux mèches de cheveux et regarda avec attention à cet endroit. Un clou avait été enfoncé dans la tête. La femme avait assassiné son mari, avec la complicité de son amant. Telle était la juste version des faits. Ils furent tous les deux reconnus coupables[1].

---

1. Le meurtre provoqué par un clou ou une aiguille est devenu un motif récurrent dans la littérature chinoise. Les auteurs chinois de romans policiers utiliseront souvent ce procédé. Le juge a toutes les raisons de suspecter la femme d'avoir tué son mari. Pourtant, le corps de la victime ne porte aucune trace de coups et ne contient aucune trace de poison. Le thème du clou se retrouve dans les *Trois Affaires criminelles résolues par le juge Ti*, dont Robert Van Gulik offrit une traduction en 1949. Dans l'une des affaires, l'épouse finit par avouer : « Je pris alors une des longues aiguilles fines que nous utilisons pour coudre les semelles de feutre de nos chaussures, et la lui enfonçai au sommet du crâne avec un maillet, jusqu'à ce que ses trois pouces de long eurent complètement disparu. Il ne poussa qu'un seul cri avant de mourir. Seule la tête de l'aiguille apparaissait comme un grain de poussière, impossible à localiser dans l'épaisse chevelure. Il n'y eut pas une goutte de sang, mais les yeux lui sortirent des orbites. Je savais que même une autopsie ne parviendrait pas à découvrir cette blessure mortelle. » Le même procédé est employé dans une très courte nouvelle du *Tai Ping Guang Ji* (*Vaste Recueil de l'Époque de la Grande Paix*, 976-983, chap. 160) intitulée *La Petite Fille du jardinier*, dont l'intrigue est la suivante : un jeune lettré de talent, âgé de vingt ans, était pressé de se marier. Il consulta de nombreuses entremetteuses en vain et se rendit, en désespoir de cause, chez un devin, qui lui dit : « Votre partenaire est née il y a seulement deux ans. » Le jeune homme lui demanda où habitait cette enfant et quel était son nom. Il apprit qu'elle était la petite fille d'un jardinier des faubourgs de Hua Zhou. Or le jeune lettré avait espéré un parti beaucoup plus prestigieux ; aussi se rendit-il chez le jardinier et profita de son absence pour attirer l'enfant dehors. Il lui enfonça une aiguille fine dans la fontanelle et s'enfuit, convaincu que la petite était morte. Or ce geste cruel n'avait nullement affecté l'enfant. Cependant, trois ans plus tard, ses parents décédèrent. La petite orpheline fut alors adoptée par le commissaire impérial du canton. Bien des années plus tard, le lettré vint rendre visite au commissaire. Ce dernier apprécia la prestance de son hôte et, comme il savait qu'il était issu d'une famille de mandarin, il lui proposa sa fille en mariage. Le lettré, qui était toujours célibataire, accepta volontiers. Les noces furent célébrées, et les nouveaux époux s'aimèrent tendrement. Puis le lettré découvrit que sa femme se plaignait de migraines à chaque fois que le temps se

17.

A. Si Jing confond un serviteur de sa famille

Sous le règne de l'impératrice Wu Zetian[1] de la dynastie des Tang, le gendre impérial, Cui Xuan, fut accusé de fomenter une révolte. L'impératrice ordonna à son censeur, Zhang Xingji, de mener une enquête. Seulement, celui qui voulait la perte de Cui Xuan avait pris soin de faire enlever l'une des concubines et de la cacher en lieu sûr. Aussi déclara-t-il devant le juge :

« C'est parce qu'elle était sur le point de dénoncer le plan de sa rébellion que Cui Xuan a tué sa concubine ! »

Quant à l'enquête du censeur, elle n'avait livré aucun élément probant contre Cui Xuan. Très en colère, l'impératrice ordonna une contre-enquête, mais de nouveau aucune preuve ne put être retenue contre le gendre impérial.

« Comment peut-il continuer à clamer son innocence, si sa concubine demeure introuvable ! » s'exclama l'impératrice.

Le censeur encouragea le clan de Cui Xuan à retrouver la concubine. Si Jing, le deuxième cousin de Cui Xuan, offrit même une large récompense en échange de toute information à son

---

couvrait. Un médecin réputé prescrivit un baume que la jeune femme devait se passer sur le crâne. Quelque temps après, un écoulement se produisit, et l'aiguille fut expulsée. Le mari se renseigna discrètement sur les origines et l'ancienne parenté de son épouse. Il apprit alors qu'elle était la fille du jardinier, et fut enfin convaincu que le devin ne l'avait pas trompé. (L. B.)

1. L'impératrice Wu Zetian monte sur le trône en 684 et, en 690, adopte le nom de Zhou pour sa dynastie, qui sera renversée par Zhong Zong en 705.

sujet, mais il n'apprit rien de plus. En revanche, Si Jing remarqua que toutes les décisions qui avaient été prises au sein même de la résidence des Cui étaient communiquées sans délai à l'accusateur, et il soupçonna que ce dernier avait un complice qui se trouvait au sein de leur propre clan. Aussi, quand la famille tint son conseil, il inventa ce mensonge :

« Nous devons payer un mercenaire pour faire abattre cet accusateur ! »

Cela dit, il partit dès le lendemain matin observer ce qui se passait près du tribunal (où étaient détenus l'accusateur et le gendre impérial). Survint alors un serviteur à qui le clan de Cui Xuan faisait entièrement confiance. Si Jing le vit offrir un pot-de-vin au garde de l'entrée pour qu'il remette un message à l'accusateur. Si Jing le surprit et lui lança :

« Tu as trahi Cui Xuan, et nous te tuerons ! »

Le serviteur conduisit alors Si Jing aux complices de l'accusateur et, parmi eux, on retrouva la concubine. Alors, seulement, le gendre impérial fut libéré[1].

B. Un subalterne diffame Pei Guang

Sous la dynastie des Tang, en l'an 685[2], alors que les diffamations se multipliaient, Jiang Shen, un subalterne de Hu Zhou, s'empara d'un document écrit de la main du préfet, Pei Guang. Il découpa les idéogrammes dans le papier et les colla dans un ordre tel que le sens de la lettre était complètement changé, et se présentait maintenant comme une déclaration de rébellion adressée à Xu Jingye. Un censeur fut chargé d'enquêter.

1. Dans le cadre d'une affaire de trahison ou de dénonciation, l'accusateur et l'accusé sont tous les deux détenus en prison. Dans le cas où l'accusé parvient à prouver son innocence, l'accusateur est alors exécuté.

2. En 692, l'impératrice Wu Zetian lance une campagne dirigée contre tous les rebelles potentiels. Un tribunal spécial est créé dans la capitale, où des centaines d'innocents seront exécutés pour décourager tous ceux qui tenteraient de se révolter. Lai Junchen fut chargé de monter de toutes pièces de fausses accusations, et il écrivit sur ce sujet un *Manuel pour prendre au piège des prévenus innocents.*

« Ces idéogrammes ont bien été tracés par moi ; seulement je ne suis en aucun cas l'auteur de cette lettre ! » affirma Pei Guang.

L'affaire fut examinée à trois reprises, mais aucun jugement ne put être rendu.

L'impératrice Wu Zetian donna l'ordre de détacher un homme compétent et nomma Zhang Chujin[1] en disant qu'il parviendrait à trouver une solution. Zhang Chujin instruisit l'affaire, mais Pei Guang resta sur sa position et ne changea pas sa déclaration. Désemparé, le nouvel instructeur s'étendit sur sa couche face à la fenêtre. Il vit la lumière du soleil filtrer à travers les carreaux de papier, et cela lui donna une idée. Il examina la lettre face au soleil et découvrit le collage des idéogrammes. Alors il réunit les protagonistes au tribunal et demanda à Jiang Shen de mettre la lettre dans un récipient rempli d'eau : chacun vit les idéogrammes se détacher les uns après les autres. Jiang Shen se frappa le front contre terre et avoua son crime.

L'impératrice ordonna de le faire décapiter.

1. Zhang Chujin fut vice-ministre de la Justice entre 676 et 678, et fut chargé de réviser les lois du Code pénal.

18.

A. Fu Jigui[1] et les fèves retrouvées dans le gésier d'un poulet

Sous la dynastie des Liu Song*, à l'époque où Fu Jigui était magistrat de Shan Yin, deux hommes portèrent plainte au sujet de leurs poulets, dont ils se disputaient chacun la propriété.

Fu Jigui demanda :

« Le matin, avec quoi nourrissez-vous les poulets ? »

L'un répondit qu'il leur donnait des fèves, l'autre du riz. Le magistrat fit tuer un des poulets et lui trancha la gorge : le gésier contenait des fèves. L'homme qui avait prétendu les nourrir avec du riz fut condamné à une amende[2].

B. Zhang Ju et les cendres retrouvées dans la bouche d'un cochon

Sous la dynastie des Wu*, à l'époque où Zhang Ju était magistrat de Ju Zhang, une femme assassina son mari et mit le feu à sa demeure pour faire croire qu'il était mort dans l'incendie. Sa belle-famille l'accusa néanmoins du crime, et porta plainte devant les autorités. La femme nia les faits, et clama son innocence.

---

1. Fu Jigui fut magistrat de Wu Kang et de Shan Yin. Il était réputé pour son équité.

2. Voir aussi l'affaire 26-A : *Fu Jigui fait battre de la soie.*

Zhang Ju demanda qu'on lui apporte deux cochons. Il en tua un et laissa l'autre vivant. Puis il alluma un feu de bois et jeta les deux animaux dans les flammes. Après avoir examiné les cadavres calcinés, il put conclure que le cochon qu'il avait tué avant de le faire brûler n'avait pas de cendres dans la bouche, alors que celui qui avait été jeté vivant dans les flammes en avait la bouche pleine. Dans la bouche de l'homme, on ne retrouva pas la moindre trace de cendre. Confrontée à cette preuve, la femme avoua aussitôt son crime.

19.

A. Le préfet de Ding Zhou identifie une peau de bête

Sous la dynastie des Qi du Nord, à l'époque où Gao You[1], prince de Peng Cheng, était préfet de Ding Zhou, une vache noire dont le dos était parsemé de poils blancs fut volée, et son propriétaire porta plainte. Le prince fit émettre ce faux avis : « Les magasins de la préfecture paieront deux fois le prix normal pour les peaux de vache. »

Chacun s'empressa d'apporter ses peaux, et il suffit au préfet de demander à qui appartenait celle qui était noire avec des poils blancs pour arrêter le voleur[2].

B. Le préfet de Cang Zhou fait acheter de la viande

À l'époque où le même prince était cette fois préfet de Cang Zhou, un homme arriva de Yu Zhou, tirant une mule chargée de viande de cerf séchée. Il marchait lentement à cause d'un pied blessé, mais une fois arrivé aux portes de la ville il rencontra quelqu'un qui se proposa de l'accompagner. L'étranger s'en prit à la

1. Gao You était le cinquième fils de Gao Huan, et le frère de Gao Jie, le préfet de l'affaire 13-A, *Gao Jie brandit une botte volée.* Il fut préfet de Ding Zhou sous le règne de l'empereur Xiao Qing de la dynastie des Wei de l'Est (534-556) et reçut le titre de prince de Peng Cheng sous la dynastie suivante, celle des Qi du Nord.

2. Voir aussi l'affaire 22-B : *Un prince fait tracer des idéogrammes sur des légumes.*

mule et à son chargement de viande et les vola. Le lendemain matin, le marchand porta plainte à la préfecture. Le prince ordonna à ses hommes de main et à ses gardes de se disperser en ville afin que chacun d'eux achète de la viande de cerf séchée, sans en discuter le prix.

Parmi les morceaux achetés, le marchand en reconnut un qui provenait de son lot, et le voleur put être arrêté.

20.

A. Zhang Yunji[1] accepte une affaire hors de sa juridiction

Sous la dynastie des Tang, Zhang Yunji était magistrat de Wu Yang ; il était aimé aussi bien par le peuple que par ses adjoints, qui prenaient en exemple sa sagesse. Non loin de Yuan Wu, un homme laissa l'une de ses vaches au soin de la famille de sa femme pendant huit ou neuf ans. Au fil des années, cette vache mit bas dix veaux. Comme il était revenu et qu'il s'apprêtait à repartir avec son bétail, la famille refusa de le lui rendre. Le magistrat responsable de ce district examina l'affaire plusieurs fois, mais il fut incapable de rendre un jugement. L'homme franchit alors la limite qui séparait Wu Yang de Yuan Wu, et porta plainte devant Zhang Yunji. Ce dernier lui dit :

« Vous dépendez des autorités de Yuan Wu ; pourquoi venir ici ? »

L'homme se mit à pleurer, et refusa de s'en aller. Quand il expliqua les circonstances de son affaire, Zhang Yunji ordonna à ses gardes de le ligoter et de couvrir sa tête avec un morceau de tissu afin que personne ne puisse le reconnaître. Ils l'emmenèrent ainsi dans le village où demeurait la famille de sa femme, et annoncèrent aux alentours qu'ils étaient en train d'arrêter des

1. Zhang Yunji fut nommé à Wu Yang sous la dynastie des Sui (589-618) et acquit alors la réputation d'être un magistrat très rigoureux. Sous la dynastie des Tang, il fut nommé préfet de You Zhou.

voleurs de vaches. Puis ils commencèrent à mener une enquête minutieuse, en interrogeant chacun sur la provenance de son bétail. La famille de la femme, ignorant tout du stratagème mis en place, craignit de se voir inculper, et déclara :

« Ces vaches appartiennent toutes au mari de notre fille ! »

Zhang Yunji donna l'ordre de découvrir le visage de l'homme ligoté, et dit :

« Voici votre gendre ! Et ces vaches lui reviennent donc de droit[1] ! »

B. Pei Ziyun ordonne de prompts aveux

Sous la dynastie des Tang, à l'époque où Pei Ziyun était magistrat de Xin Xiang, dans la préfecture de Wei, Wang Gong, un homme de son district, partit aux frontières pour effectuer son service militaire et laissa six vaches à Li Jin, le frère de sa mère. Pendant cinq ans, Li Jin prit soin des vaches, qui mirent bas trente veaux. À son retour, Wang Gong souhaita reprendre son bétail, mais son oncle lui dit :

« Deux de tes vaches sont mortes ; aussi je ne te rendrai que quatre vieilles vaches ! »

Wang Gong porta plainte au tribunal. Le magistrat mit le plaignant en prison comme le Code l'exigeait, et ordonna l'arrestation de Li Jin comme complice dans une affaire de vol de bétail. Li Jin parut devant le magistrat, qui le tança :

« Le voleur a cité votre nom. Ensemble vous avez volé trente vaches qui se trouvent actuellement cachées dans votre ferme ! Je vais maintenant appeler le voleur, et vous confronter à lui ! »

Pei Ziyun fit entrer Wang Gong, la tête recouverte d'un morceau de tissu, et le fit tenir ainsi au sud de l'estrade ; puis il somma Li Jin de passer aux aveux.

« Ces trente vaches sont toutes les petits de celles que mon neveu m'avait laissées ; en aucun cas elles n'ont été volées ! »

---

1. Le même magistrat résout l'affaire 22-A : *Zhang Yunji détecte l'odeur des oignons.*

À cet instant Pei Ziyun dévoila le visage de Wang Gong. Li Jin fut obligé de rendre à son neveu toutes les vaches, sauf cinq. Celles-là, il pouvait les garder en contrepartie des soins qu'il avait dispensés au troupeau pendant l'absence de Wang Gong.

21.

A. Wang Zhi[1] refuse l'acquittement

Sous la dynastie des Song du Nord, à l'époque où Wang Zhi était préfet de Lu Zhou, un voleur tua l'un des membres de sa bande et s'empara de son argent. Il fut arrêté par une patrouille, et Wang Zhi proposa qu'il fût condamné à mort. Yang Gao, qui était juriste, émit une objection :

« Un voleur qui en élimine un autre devrait être gracié ! »

Wang Zhi rétorqua :

« Un voleur qui en élimine un autre peut être gracié, à condition qu'il se livre de lui-même aux mains de la justice. Or, dans cette affaire, le prévenu a tué un homme de sang-froid, lui a volé son argent et, loin de se livrer de son propre chef, il a même été arrêté par nos hommes. S'il n'est pas condamné à mort, en quel sens la loi serait-elle encore respectée ? »

Wang Zhi adressa plusieurs requêtes au trône, mais l'empereur n'approuva pas son jugement. Le préfet fut dégradé et nommé à un poste inférieur. Cependant, l'année suivante, Han Qi, président du Bureau des enquêtes judiciaires à la capitale, décida qu'un voleur ayant tué un autre voleur sans se rendre de lui-même ne devait pas être acquitté.

Wang Zhi fut alors réhabilité à de hautes fonctions.

---

1. Wang Zhi (1001-1045) était un fonctionnaire réputé pour sa perspicacité dans les affaires judiciaires.

B. MA LIANG[1] COMMUE UNE PEINE CAPITALE

Sous la dynastie des Song du Nord, à l'époque où Ma Liang, le ministre des Travaux publics, était préfet de Dan Zhou, un déserteur se livrait au pillage et semait le désordre dans les villages qui étaient placés sous sa juridiction. Certains complotèrent la mort du fauteur de troubles, et, selon la loi, quatre auteurs du complot devaient être exécutés. Ma Liang dit :

« Condamner à la peine de mort les auteurs d'un crime qui permet à la fois d'évincer le mal et de préserver le bien-être du peuple ne peut refléter le sens que nous avons de la justice ! »

Les quatre conspirateurs furent condamnés à une peine plus légère.

1. Ma Liang (959-1031) eut une longue et remarquable carrière.

22.

A. Zhang Yunji[1] détecte l'odeur des oignons

Sous la dynastie des Sui[2], à l'époque où Zhang Yunji était magistrat de Wu Yang, il aperçut une vieille femme qui plantait des oignons sur le bord de la route. Pour les surveiller, elle avait construit une cabane où elle pouvait s'abriter. Zhang Yunji vint lui parler : « Ne vous inquiétez donc pas pour vos plantations ! Si quelqu'un vient voler vos oignons, il vous suffira de me prévenir ! »

La vieille femme suivit son conseil. Mais, le matin suivant, des oignons avaient disparu, et elle vint en alerter Zhang Yunji.

Le magistrat convoqua tous les habitants qui demeuraient près du champ d'oignons. L'un après l'autre, il les fit défiler pour sentir leurs mains. Ainsi fut retrouvé le voleur[3].

B. Un prince fait tracer des idéogrammes sur des légumes

Sous la dynastie des Qi du Nord, à l'époque où Gao You, prince de Peng Cheng, était préfet de Cang Zhou, une vieille

---

1. Zhang Yunji était magistrat de Wu Yang sous la dynastie des Sui (589-618) et acquit alors la réputation d'être très rigoureux. Sous la dynastie des Tang, il fut nommé préfet de You Zhou.

2. 589-618 ; la capitale est Chang An, dans la province du Shan Xi.

3. Voir aussi l'affaire 20-A : *Zhang Yunji accepte une affaire hors de sa juridiction.*

femme qui avait planté des légumes se les faisait régulièrement voler. Le prince ordonna à ses hommes de se rendre sur le champ de la vieille femme et d'écrire en secret quelques caractères sur les feuilles des légumes.

Le jour suivant, au marché, les légumes « marqués » furent aussitôt identifiés, et les voleurs purent ainsi être arrêtés[1].

---

1. Voir aussi l'affaire 19-A : *Le préfet de Ding Zhou identifie une peau de bête.*

23.

A. Lu Gongzhuo et la femme à qui on a coupé les mains

Sous la dynastie des Song du Nord, à l'époque où Lu Gongzhuo était préfet de Kai Feng, vivait une femme mariée à un soldat qui était parti pour une lointaine expédition. Une nuit, un voleur pénétra dans ses appartements, et s'enfuit après lui avoir coupé les mains.

Cette mutilation suscita un grand émoi parmi les habitants de la capitale. Lu Gongzhuo estima que seul un ennemi personnel du mari avait pu commettre une telle atrocité.

Il fit aussitôt partir des coursiers afin qu'ils interrogent le soldat. Après avoir appris le nom de son ennemi, les coursiers revinrent en informer le préfet : il s'agissait de Han Yuan, son camarade au camp.

Il fut condamné pour sa cruelle perversité, et exécuté.

B. Bao Cheng[1] et la vache à qui on a coupé la langue

Sous la dynastie des Song du Nord, à l'époque où Bao Cheng débutait sa carrière de juge comme magistrat du district de Tian

1. Bao Cheng (999-1062) fut l'un des juges les plus connus de l'histoire chinoise. Il devint par la suite le personnage central d'une série d'enquêtes policières rassemblées et publiées sous le titre de *Long Tu Gong An*. Son personnage est devenu très populaire dans le théâtre chinois. Surnommé Bao Gong, il a le visage noir et porte une longue barbe.

Chang à Yang Zhou, quelqu'un vint se plaindre qu'un voleur avait coupé la langue de sa vache. Bao Cheng lui dit en secret de rentrer chez lui, d'abattre la vache et de vendre sa chair. Peu après, un homme se rendit au tribunal pour dénoncer celui qui avait abattu sa vache clandestinement, sans autorisation officielle[1].

« N'avez-vous pas tout d'abord coupé la langue de cette vache ! Pourquoi venir maintenant dénoncer son propriétaire ? » dit Bao Cheng au délateur.

La remarque du magistrat le dérouta, et il passa aux aveux[2].

1. L'abattage des bêtes nécessitait une autorisation officielle (voir le *Code des Tang*, chap. XV, art. 8).

2. On retrouvera Bao Cheng dans l'affaire 46-A : *Bao Cheng fait battre un garde.*

24.

A. Cui Yan[1] enquête sur l'origine d'une fortune

Sous la dynastie des Tang, à l'époque où Cui Yan était commandant militaire dans la province du Hu Nan, vivait un jeune homme aux mœurs dépravées, que les habitants de son village ne toléraient plus parmi eux. Aussi s'infligea-t-il en guise de châtiment la tonsure et le port d'un fer autour du cou, avant d'entrer dans les ordres religieux sous la protection de Bouddha. Il devint serviteur et, tout en faisant mine de suivre les préceptes de la doctrine sacrée, il escroqua nombre de laïcs innocents. Sa fortune s'élevait à plusieurs dizaines de milliers d'unités. Quand Cui Yan prit ses fonctions dans la région, le moine eut peur que le commandant découvre ses larcins. Il rendit alors son certificat de moine et demanda la permission de se séparer de son fer de sacerdoce pour retourner dans le monde civil.

Cui Yan l'interrogea néanmoins :

« Pendant ces trois années que vous avez consacrées à l'enseignement de la doctrine bouddhiste, quelle somme d'argent avez-vous gagnée ?

– Juste assez pour mes besoins quotidiens ; je ne me rappelle pas le montant exact », répondit l'ancien moine.

« Quelle somme avez-vous consacrée à vos dépenses ? demanda encore Cui Yan.

1. Cui Yan fut admis docteur au concours officiel des fonctionnaires en 828 et promu censeur-enquêteur sous le règne de l'empereur Wen Zong (826-840). Il termina sa carrière avec le titre de conseiller de l'empereur.

– Un peu plus de trois mille unités.

– Vous connaissez la somme exacte que vous avez dépensée tout en prétendant ignorer celle que vous avez gagnée. C'est certainement de l'argent frauduleux ! »

Le commandant se mit à la recherche de la fortune accumulée par l'ancien moine, et découvrit ses appartements remplis de ses femmes et de ses enfants.

Toutes ses escroqueries furent mises au jour ; il fut puni, et sa fortune distribuée aux pauvres[1].

B. Zhang Lu entre dans un tunnel

Sous la dynastie des Jin postérieurs, un temple bouddhiste, situé dans le village de Hua, dans le district de Guan Shi, possédait une statue en fonte de Bouddha qui mesurait presque deux mètres et qui était creuse. Un jour, on prétendit que cette statue pouvait parler. Les notables et les gens du commun s'attroupèrent comme des nuages pour déposer à ses pieds des présents somptueux. Le magistrat du district en informa la préfecture. L'empereur Gao Zu[2], qui était alors commandant de Ye, ne parvenait pas à élucider le mystère de cette statue douée de parole. Il donna l'ordre à Shang Qian, un officier du tribunal, d'aller offrir de l'encens dans ce temple et de mener une enquête au sujet de ce phénomène. Un garde, qui se nommait Zhang Lu, demanda l'autorisation d'accompagner l'officier pour l'aider. Des soldats cernè-

1. Les persécutions antibouddhistes commencèrent dans les années 842-845 , soit quelques années après la mort de Cui Yan. Néanmoins, dès 836, un décret interdit aux Chinois d'avoir des rapports avec des étrangers et d'adopter leur religion ; le bouddhisme et ses moines seront les premiers concernés. Les dirigeants procédèrent d'abord à une épuration du clergé bouddhique, afin d'en chasser les moines incultes et les faux religieux. On en vint ensuite à la confiscation des biens privés des bonzes, suivant une interprétation restrictive des traités de discipline bouddhique – car les moines ont fait vœu de pauvreté ; cf. Jacques Gernet, *Le Monde chinois*, Paris, Armand Colin, 1972, p. 258. (L.B.)

2. L'empereur Gao Zu (892-942), issu d'une famille turque, fut général avant de fonder la dynastie des Jin postérieurs (936-946).

rent le temple et firent sortir tous les moines de leurs quartiers pour les rassembler dans la salle principale. Zhang Lu put ainsi secrètement pénétrer dans les quartiers des moines, et découvrir qu'un tunnel y avait été creusé. Il entra à l'intérieur et déboucha au niveau du socle de la statue. Il se plaça dans le corps creux du Bouddha et, d'une voix stridente, se mit à énumérer les méfaits des moines. Les autorités du tribunal lancèrent un mandat d'arrêt contre plusieurs des plus haut placés d'entre eux. Cette affaire fut rapportée à l'empereur, qui ordonna l'exécution des coupables sans délai.

Zhang Lu fut promu greffier du district de Chang He.

25.

A. Du Hao[1] et l'affaire du portrait détruit

Sous la dynastie des Song du Nord, à l'époque où le frère aîné de Du Hao était juge de Jiang Nan, un fils détruisit le portrait de son père et fut accusé par sa famille d'impiété filiale. Le frère de Du Hao doutait fort qu'il existât une loi relative à cette catégorie de gestes iconoclastes, et il ne put se prononcer sur cette affaire. Mais son jeune frère émit sans hésiter cette remarque :

« L'accusé doit être jugé comme le seraient des moines bouddhistes ou taoïstes coupables d'avoir détruit une icône de leur divinité. »

Le frère aîné fut émerveillé par la perspicacité de Du Hao, et rendit son jugement en conséquence.

B. Huang Ba fait exécuter trois hommes sans hésitation

Sous la dynastie des Han de l'Ouest, à l'époque où Huang Ba était ministre durant le règne de l'empereur Xuan[2], non loin de la région de Yan et de Dai, trois hommes épousèrent une seule et même femme, qui accoucha d'un fils. Quand ils voulurent se

1. Du Hao était employé aux Archives impériales sous le règne de l'empereur Tai Zong (976-997), et termina sa carrière avec le titre de secrétaire exécutif du ministère des Rites entre 1008 et 1016.

2. L'empereur Xuan (73-49 av. J.-C.).

séparer, chacun des trois se déclara être le père de l'enfant. Ils soumirent leur affaire au Grand Secrétaire, qui la confia au juge Huang Ba. Ce dernier dit : « Les hommes qui se conduisent comme des bêtes doivent être traités comme elles ! »

Les trois hommes furent décapités, et l'enfant fut rendu à sa mère.

Le philosophe Xun Zi[1] dit : « Ceux qui se rendent coupables d'un crime qui tombe sous le coup de la loi doivent être jugés selon la loi. Ceux qui se rendent coupables d'un crime que les textes de la loi ne connaissent pas doivent être jugés par rapport à un cas qui se rapproche le plus possible du délit en question. »

Ainsi, Huang Ba fit exécuter les trois maris, et Wang Zun, dans l'histoire qui va suivre, fit mettre à mort le beau-fils selon cette logique. La loi n'interdit pas aux animaux les rapports multiples ou incestueux, et si un homme les abat, il ne se rend pas coupable d'un crime. Aussi ces deux juges étaient-ils dans leur droit quand ils ont condamné ces hommes qui se sont conduits comme des animaux[2].

WANG ZUN ET LE BEAU-FILS INCESTUEUX

Sous le règne de l'empereur Yuan[3], de la dynastie des Han de l'Ouest[4], à l'époque où Wang Zun était à la fois magistrat de Huai Li et chargé des affaires du district de Mei Yang, une femme de ce district accusa son beau-fils d'impiété filiale, et se plaignit en ces

1. Xun Zi (vers 298-235 av. J.-C.) s'opposa à Mencius et fut l'un des premiers philosophes de l'histoire à reconnaître l'origine sociale de la morale : pour lui, la nature humaine à l'état brut ne saurait être autre chose qu'un complexe de tendances égoïstes et anarchiques, le bien et la raison n'apparaissant qu'avec la régulation qu'impose la vie en société. Voir François JULLIEN, *Procès ou Création, une introduction à la pensée chinoise*, Paris, Seuil, 1989, et Feng YOULAN, traduit par Derk Bodde, *A History of Chinese Philosophy*, 2 vol., Princeton University Press, 1952-1953. (L. B.)

2. Voir aussi l'affaire 4-B : *Huang Ba blâme une sœur aînée.*

3. 73-49 av. J.-C.

4. 206 av. J.-C. - 8 ap. J.-C, capitale à Chang An, dans la province du Shan Xi.

termes : « Il me traite comme si j'étais sa femme ! De plus, il m'injurie et me fouette ! »

Après avoir entendu la plainte de cette femme, Wang Zun envoya ses gardes arrêter le beau-fils, qui avoua son crime après avoir été interrogé.

Wang Zun dit : « Aucun texte ne mentionne de loi châtiant l'inceste dont se rend coupable un fils envers sa mère. Les sages de l'Antiquité ne pouvaient imaginer un tel crime, et ils ne laissèrent donc aucun écrit à ce sujet. Cet individu incarne ce que les Classiques nomment un "inventeur de délit". »

Sur ces paroles, Wang Zun se leva de son siège, fit suspendre le coupable à un arbre après qu'on lui eut ouvert le corps et ordonna que cinq cavaliers bandent leur arc et le tuent.

26.

A. Fu Jigui fait battre de la soie

Sous la dynastie des Liu Song, à l'époque où Fu Jigui était magistrat de Shan Yin, vivaient deux vieilles femmes. L'une vendait du sucre, et l'autre des aiguilles. Elles se disputaient alors la possession d'un ballot de soie, et vinrent porter plainte devant Fu Jigui. Le magistrat ordonna que l'on suspende la soie à une colonne afin de battre le tissu. Des débris d'acier en tombèrent ; aussi ce fut la marchande de sucre qui reçut une amende[1].

B. Li Hui[2] fait sortir le sel à coups de bâton

Sous la dynastie des Wei du Nord, à l'époque où Li Hui était préfet de Yong Zhou, un porteur de sel et un porteur de bois se disputaient une peau d'agneau, chacun affirmant que c'était celle qu'il avait l'habitude de porter sur lui. Li Hui ordonna à l'un de ses officiers :

« Interrogez cette peau sous la torture, et vous apprendrez le nom de celui à qui elle appartient ! »

Tous les officiers furent abasourdis d'entendre cela. Mais Li Hui étendit lui-même la peau sur une natte, et la frappa avec un bâton. Des grains de sel ne tardèrent pas à jaillir. Il les montra aux deux hommes, et le porteur de bois passa aux aveux.

---

1. Voir aussi l'affaire 18-A : *Fu Jigui et les fèves retrouvées dans la gorge d'un poulet.*

2. Li Hui était le beau-père de l'empereur Xian Wen (465-471) ; il fut un éminent général.

27.

A. Le préfet de Yang Zhou fait fouetter une sorcière

Sous la dynastie des Wei du Nord, à l'époque où Li Chong était préfet de Yang Zhou, un nommé Jie Sian s'était échappé lors de son service militaire et ne donna plus aucune nouvelle. Son frère aîné, Jie Qingbin, savait que les autorités viendraient le rendre responsable de ces faits, et décida qu'il valait mieux que le nom du fugitif soit rayé des registres officiels. Aussi déclara-t-il qu'un corps tout juste découvert à l'extérieur de la ville était celui de son frère cadet, et qu'il avait été assassiné par Su Xianfu et Li Gai, deux hommes qui en auraient voulu à son frère au point de le tuer. Pour étayer sa version, le frère aîné sollicita aussi les services d'une sorcière nommée Yang, qui, faisant apparaître le fantôme du frère cadet, raconta son sort tragique. Les deux accusés ne purent supporter l'interrogatoire sous la torture, et avouèrent le crime qu'ils n'avaient pas commis. Li Chong douta de leurs aveux. Il envoya deux de ses hommes parler au frère aîné. Ces derniers feignirent d'arriver de la région frontalière où le frère cadet faisait son service, et dirent à Jie Qingbin :

« Quand nous étions à Bei Zhou, un homme passa la nuit dans une auberge où nous nous étions arrêtés. Il nous apprit qu'il était un déserteur et qu'il se nommait Jie Sian. Nous voulions le livrer aux autorités, mais il nous supplia de ne pas le dénoncer. Il ajouta qu'il avait un frère aîné du nom de Jie Qingbin qui vivait à Yang Zhou. "Ayez pitié de moi et allez prévenir mon frère, il vous récompensera largement !" Voilà ce qu'il nous a dit, et nous sommes venus prendre ce qui nous revenait. Si vous ne nous donnez pas d'argent, il est encore bien temps pour nous de livrer votre frère entre les mains de la justice ! »

Jie Qingbin se montra affligé et très embarrassé. Cela fut aussitôt rapporté à Li Chong, qui le fit arrêter et interroger ; le frère aîné passa aux aveux. Quelques jours plus tard, le frère cadet fut retrouvé et livré au tribunal.

La sorcière Yang reçut cent coups de fouet. Quant aux deux premiers suspects, ils furent relâchés[1].

B. XUE XIANG[2] ORDONNE L'ARRESTATION D'UN MARCHAND TURC

Sous la dynastie des Song du Nord, Xue Xiang, avant de devenir commissaire aux Affaires militaires, était inspecteur des finances à la capitale au début de sa carrière et contrôlait aussi les taxes commerciales. Un marchand turc, qui devait passer la douane, déclara une boîte remplie de métal d'argent ; on pouvait lire sur le couvercle : « Envoyé au directeur général de la circonscription de Jing Yuan de la part du commissaire aux Affaires militaires. »

Xue Xiang se dit alors :

« Il s'agit probablement d'une tentative de fraude pour ne pas payer les taxes sur le métal. Pourquoi, sinon, un fonctionnaire de haut rang emploierait-il les services d'un marchand turc pour adresser un présent à quelqu'un ! »

Il fit arrêter le marchand pour qu'il soit jugé à la préfecture. L'homme avoua son délit.

1. Voir aussi l'affaire 4-A : *Li Chong rend un fils à son père.*

2. Xue Xiang fut d'abord greffier à Yong Zhou, à la fin du règne de l'empereur Shen Zong (1067-1085), puis nommé au Bureau des affaires militaires où il se distingua dans le domaine des questions financières. Il termina sa carrière avec la fonction de préfet de Sui Zhou.

28.

A. Cheng Kan[1] et le seuil de l'ennemi

Sous la dynastie des Song du Nord, à l'époque où Cheng Kan, avant de devenir conseiller du palais, était préfet de Qian Zhou, vivait un homme qui avait eu un ennemi juré. Un jour, ses fils parlèrent en secret à leur mère : « Tu es âgée et malade, et nous craignons que tes jours soient comptés. Nous te supplions de nous donner la permission de te tuer ; car ta mort nous servira à venger notre père. »

Les fils tuèrent alors leur mère, et déposèrent son corps devant la porte de l'ennemi juré. Puis ils portèrent plainte contre lui. L'accusé était en mauvaise posture pour se défendre, mais Cheng Kan n'était pas convaincu pour autant de sa culpabilité. Dans l'entourage du préfet, on s'empressa d'affirmer que le coupable était pourtant tout trouvé ; seul le préfet continuait de douter, et il dit : « Tuer quelqu'un pour placer ensuite son corps en évidence sur son propre seuil me paraît très suspect ! »

Cheng Kan mena l'enquête lui-même, et ne tarda pas à découvrir les circonstances véritables du meurtre.

1. Cheng Kan fut nommé préfet plusieurs fois et, sous le règne de l'empereur Ying Zong (1063-1067), il fut connu pour avoir mené à bien des pourparlers avec les « barbares » des frontières.

B. Bi Zhongyou[1] et la résidence du commandant

Sous la dynastie des Song du Nord, à l'époque où Bi Zhongyou était rattaché au tribunal du He Dong, Han Zhen[2], qui était vice-président d'un ministère, fut nommé commandant de Tai Yuan. L'un des ses serviteurs, un jeune Turc, raconta qu'un soldat lui avait volé ses habits, juste à côté de la demeure officielle du commandant. Ce dernier, très en colère, ordonna à ses officiers de marquer le coupable au visage. Seulement Bi Zhongyou fit remarquer que la garde-robe d'un jeune garçon avait bien peu de valeur, et que prendre de tels risques pour voler si peu de chose, à deux pas de la résidence même de l'ancien vice-président, semblait insensé.

Il confia l'affaire à un autre fonctionnaire qui, après avoir mené son enquête, confirma qu'il s'agissait bien d'une calomnie.

1. Bi Zhongyou occupa diverses fonctions aux Affaires militaires et judiciaires, puis au ministère des Rites, sous le règne de l'empereur Hui Zong (1100-1125).

2. Han Zhen (1019-1097) était un fonctionnaire de haut rang, et fut connu aussi bien pour ses talents de poète que pour son caractère impétueux.

29.

A. Fu Yong[1], sur les ablutions et les oreillers

Sous la dynastie des Qin antérieurs[2], Fu Yong excellait à résoudre des affaires difficiles. Un homme nommé Dong Feng partit étudier pendant trois ans, puis revint dans la famille de son épouse. La première nuit de son retour, un inconnu assassina sa femme. Le frère aîné de la défunte accusa Dong Feng et porta plainte contre lui.

Le juge l'interrogea : « N'avez-vous pas dernièrement vécu quelque chose d'étrange et interrogé l'oracle à ce propos ? »

Dong Feng répondit : « En effet, une nuit j'ai fait le rêve suivant : à cheval, j'ai traversé une rivière, et je me suis ensuite dirigé vers le nord ; puis je suis revenu sur mes pas vers le sud. J'ai baissé les yeux et aperçu deux soleils se refléter dans l'eau ; à cet instant, j'ai remarqué que le flanc gauche de ma monture était humide. Le devin que j'ai consulté au sujet de ce songe l'a interprété de la façon suivante : "Vous redoutez d'être impliqué dans une affaire pénale. Gardez-vous bien des deux ablutions du matin et du soir et abstenez-vous de poser votre tête sur l'oreiller conjugal." Voici ce que l'oracle m'a dit. Je suis ensuite rentré auprès de mon épouse, qui m'avait préparé un bain et l'oreiller pour la nuit. Mais les paroles de l'oracle étaient gravées dans ma mémoire, et j'ai refusé l'un et l'autre. Ma femme a pris alors le

1. Fu Yong était le frère de l'empereur Fu Jian (337-384).
2. 351-395, l'un des seize royaumes qui se partagèrent la Chine entre 304 et 439.

bain à ma place avant de venir se coucher et de s'endormir dans notre lit sur son oreiller. »

Fu Yong dit : « Dans le *Livre des mutations*, le trigramme[1] *Kan* signifie "eau" et "nord". Le trigramme *Li* signifie "cheval" et "sud". Si un cheval traverse la rivière vers le nord et revient vers le sud, cela signifie que les deux trigrammes changent de place trois fois pour produire un hexagramme dont le deuxième trait, à partir du bas, signifie "femme" et le cinquième trait "homme". Concernant le flanc gauche humide du cheval, je vois l'élément "eau" à gauche et l'élément "cheval", à droite, qui servent à composer l'idéogramme *Feng*. Concernant les deux soleils, je vois ces deux éléments l'un au-dessus de l'autre ; ils servent, eux, à composer l'idéogramme *Chang*. Ne serait-ce pas un nommé Feng Chang qui aurait assassiné votre femme ? »

Fu Yong fit arrêter un homme de ce nom, qui avoua son crime après avoir été interrogé. Feng Chang était l'amant de la femme de Dong Feng, et tous deux avaient eu l'intention de tuer le mari

1. Le *Yi Jing* (le *Livre des mutations*) aurait été édité par le roi Wu au XIe siècle av. J.-C. Ce roi qui a choisi de s'appeler « le guerrier » renversa la dynastie des Shang qui aurait été fondée au XVIIIe siècle av. J.-C. Il fondit la dynastie des Zhou, la plus longue de l'histoire de la Chine, neuf siècles, et aussi l'une des plus significatives, car elle verra naître les plus grands philosophes et les plus ambitieux guerriers de son histoire. Revenons au *Yi Jing*, que le roi Wu choisit d'éditer, ou plutôt d'en fixer le texte sur des lamelles de bambou reliées par des cordelettes (Confucius le lisait tellement que les cordes de son exemplaire s'étaient cassées). C'est une œuvre anonyme qui réunit les soixante-quatre hexagrammes, c'est-à-dire les soixante-quatre combinaisons que l'on obtient avec deux sortes de traits, pleins ou coupés en deux. Le premier représente le principe *yang*, le second le principe *ying*. On raconte que c'est Fuxi qui inventa les huit trigrammes : « Il leva les yeux vers le ciel et vit des symboles, puis il baissa les yeux vers la terre et vit les modèles. Il dessina les huit trigrammes pour gouverner le peuple. » (Ces trigrammes sont connus dans toute l'Asie, ils sont présents sur le drapeau coréen.) Chacun porte un nom : la Terre, le Ciel, la Montagne, la Vapeur, l'Eau, le Feu, le Vent et le Tonnerre. Ils vont par couple et symbolisent l'alternance des phénomènes qui nous entourent. Les deux trigrammes de l'affaire 29-A forment l'hexagramme 63, *Ji Ji,* signifiant terme de l'accomplissement, moment où tout est achevé mais où l'inaction peut entraîner un retour au désordre. Robert Van Gulik ajoute que le trait central du trigramme *Li* désigne la femme, et, lorsqu'il est placé en combinaison avec certains autres traits, il désigne « une épouse qui a oublié de baisser ses rideaux » (lorsqu'elle sort en palanquin), *Fu sang qi di* ; en d'autres termes, une femme aux mœurs légères. Voir la récente édition de Cyrille J.-D. JAVARY et P. FAURE, *Yi Jing. Le Livre du changement*, Paris, Albin Michel, 2002 (L. B.).

quand il se serait couché après son bain. Seulement, dans l'obscurité, l'amant avait tué sa maîtresse par erreur[1].

B. Un officier de justice fait laver des socques de bois

Sous la dynastie des Song du Nord, la Haute Cour de justice de Jiang Nan avait été chargée d'enquête à propos d'un meurtre, mais aucune reconstitution des faits n'avait pu être établie. Un officier de bas échelon, attaché à la cour, était très préoccupé par cette affaire. Il brûla de l'encens et pria pour obtenir des signes célestes. Il rêva alors qu'après avoir trouvé le lit asséché d'une rivière, il commençait l'ascension d'une haute montagne. À son réveil, l'officier réfléchit à ces symboles :

« Une rivière sans eau donne l'idéogramme *Ke*, et une haute montagne s'écrit avec l'idéogramme *Song*. Or *Ke Song* sonne exactement comme un nom de moine bouddhiste ! »

Dans le temple de Chong Xiao vivait un moine qui s'appelait ainsi. L'officier en informa son supérieur, qui ordonna l'arrestation du moine. Mais, après son interrogatoire, aucune nouvelle preuve ne put être établie concernant sa culpabilité. Soudain, l'officier remarqua des taches d'encre sur les socques de bois du moine. Quand il lui demanda d'où provenaient ces taches, le moine répondit : « Je me suis juste éclaboussé en broyant mon bâton d'encre avant d'écrire. »

Le moine fut obligé d'enlever ses socques ; elles furent examinées avec attention, et il s'avéra que les taches avaient été faites intentionnellement. Le moine montra alors des signes de frayeur. L'encre fut frottée et, dessous, on retrouva des traces de sang.

Le moine fut de nouveau interrogé, et il avoua être l'auteur du meurtre.

---

1. Voir aussi l'affaire 43-B : *Fu Yong entraîne deux voleurs dans une course.*

30.

A. Xu Zongyi déroule de la soie

Du temps du royaume de Shu[1], Xu Zongyi était en poste à Jian Zhou. Un homme réussit à identifier un voleur qui s'était introduit chez lui, une nuit ; il avait eu le temps de voir les traits de son visage à la lumière de sa lanterne et porta plainte au tribunal le lendemain matin. Un garde fit arrêter le voleur que l'homme lui avait décrit, et trouva chez lui les biens volés, c'est-à-dire des ballots de fil de soie et des rouleaux de soie blanche. La victime affirma que ces objets lui appartenaient, tandis que le présumé voleur, pour écourter le supplice de l'interrogatoire, émit de faux aveux. Sur ces faits, le détenu fut transféré à la préfecture. Xu Zongyi le convoqua et l'interrogea de nouveau. L'accusé dit alors que les biens prétendument volés lui appartenaient, mais qu'il avait eu auparavant une querelle à ce sujet avec celui qui l'accusait de vol.

Xu Zongyi avait pris au préalable à chacun le fuseau qu'il avait l'habitude d'utiliser et il les produisit comme pièces à conviction

1. Les Shu antérieurs établirent leur capitale à Cheng Du, dans la province du Si Chuan. L'existence du royaume de Shu fut de courte durée, 907-925 (il fait partie de la période dite des « Dix Royaumes », pendant laquelle le sud de la Chine se morcela). Sous la dynastie des Tang (618-907), l'empereur donna à Wang Jian, l'un de ses généraux, le titre de prince de Shu (l'actuelle province du Si Chuan), en reconnaissance de ses mérites. Après la chute de la dynastie des Tang, le nouveau prince déclara son indépendance et se nomma empereur en 907. Son fils, Wang Yan, lui succéda en 918. Ce dernier capitula devant le général Guo Chongdao, des Tang du Sud, et fut exécuté en 925.

au tribunal. Enfin, il interrogea les deux hommes : « Sur quel type de rouleau enroulez-vous votre soie ? »

L'accusé répondit qu'il utilisait des bâtons en bois de prunier, et l'autre déclara qu'il se servait de tuiles. Xu Zongyi fit dérouler la soie, et il s'avéra qu'elle avait été enroulée autour de bâtons en bois de prunier. Puis il fit placer les pelotes de fil sur les deux fuseaux, et ce fut sur celui de l'accusé qu'elles s'ajustèrent parfaitement. La victime du prétendu vol fut déclarée coupable d'avoir porté de fausses accusations contre un innocent. Les gardes aussi furent condamnés pour avoir arraché de faux aveux sous la torture.

Le tort fut rétabli.

B. Gao Fang[1] compare des étoffes

Sous le règne de l'empereur Shi Zong[2] de la dynastie des Zhou postérieurs*, à l'époque où Gao Fang était préfet de Cai Zhou, un homme nommé Wang Yi prétendit avoir été attaqué avec violence et dépouillé de tous les vêtements précieux qu'il possédait. Cinq hommes furent arrêtés et mis en prison. Tous subirent un interrogatoire approfondi. Les biens volés furent retrouvés, et, une fois leurs aveux recueillis, la peine capitale fut requise pour les cinq inculpés. Gao Fang, cependant, se fit apporter les vêtements qui avaient fait l'objet du recel et les examina. Puis il convoqua Wang Yi et lui demanda si les vêtements qu'on lui avait volés étaient oui ou non coupés dans la même pièce de tissu. Wang Yi répondit qu'ils avaient tous été coupés dans la même pièce. Le préfet vérifia la taille et la matière de chaque habit, et découvrit qu'ils étaient tous différents. Les inculpés clamèrent alors leur innocence et,

1. Gao Fang (905-963) servit dans l'armée de défense et se distingua par sa bravoure lors des combats contre les envahisseurs Kitan, qui fondèrent en 947 la dynastie des Liao. Après l'avènement de la dynastie des Song du Nord (960-1127), il fut nommé au Bureau des affaires militaires et termina sa carrière avec la fonction de préfet de Feng Xiang.

2. L'empereur Shi Zong (954-959) de la dynastie des Zhou postérieurs (951-960), capitale à Kai Feng, dans la province du He Nan.

quand Gao Fang leur demanda pourquoi ils avaient tout d'abord reconnu leur culpabilité, ils déclarèrent qu'ils avaient préféré un châtiment rapide au supplice de la bastonnade.

Les cinq hommes furent acquittés[1].

1. Voir aussi l'affaire 53-B : *Gao Feng et le prétendu fou.*

31.

A. Jiang[1] distingue l'envers de l'endroit d'un document

Sous la dynastie des Song du Nord, dans le district de Ren Shou à Ling Zhou, un greffier de village nommé Hong désira tirer profit du champ de son voisin. Le greffier l'abusa par cette proposition :

« Je voudrais payer les taxes de ton champ à ta place ; ainsi tu seras exempté de corvée. »

Enchanté à l'idée de réaliser une économie, le voisin partit en avertir l'administration. Vingt ans plus tard, le greffier fabriqua un faux acte de propriété et le trempa dans du thé pour lui donner l'apparence d'un vieux document. Puis il le produisit devant le tribunal afin d'entrer légalement en possession du terrain. Le magistrat, qui était nommé Jiang, prit le document, le plia dans un sens et l'aplatit de nouveau pour mettre en évidence les marques produites par les plis. Puis il dit au greffier : « Si ce document était aussi ancien que vous le prétendez, le recto ou le verso en serait blanc. Or il est de la même couleur des deux côtés ; il s'agit donc d'un faux ! »

Il interrogea Hong, qui passa aux aveux.

---

1. Fonctionnaire dont le nom de naissance a été perdu ; il fut admis docteur au concours officiel des fonctionnaires en 1012.

B. Zhang Pin[1] établit la différence entre l'encre rouge et l'encre noire

Sous la dynastie des Song du Nord, à l'époque où le censeur du palais Zhang Pin était magistrat du district de Jiu Long à Peng Zhou, un nommé Sun Yanshi, d'une famille importante de Mei Zhou, s'était approprié la terre d'un membre de son clan, selon les termes d'un faux contrat. Personne ne put se prononcer sur cette affaire pendant longtemps, et l'intendant des comptes chargea Zhang Pin de l'étudier et de la régler.

« On voit nettement que les idéogrammes ont été tracés par-dessus le cachet rouge du sceau. Sun Yanshi s'est procuré le sceau de son parent sans le lui dire, et a rédigé ensuite le texte du contrat. »

Sun Yanshi passa aux aveux, seulement le magistrat ne put communiquer ses conclusions à temps. La famille du faussaire demanda donc une contre-enquête que l'intendant des comptes confia cette fois à Huang Mengsong, qui était magistrat du district de Hua Yang à Yi Zhou. Ce dernier parvint aux mêmes conclusions. Aussi Huang Mengsong fut-il promu au titre de censeur chargé d'enquête, tandis que Zhang Pin fut puni pour avoir tardé à rendre son verdict et dégradé au titre de surveillant de la production des alcools de Qing Zhou.

1. Zhang Pin fut admis docteur au concours officiel des fonctionnaires sous le règne de l'empereur Zhen Zong (997-1022). Il fut nommé magistrat de plusieurs districts et reconnu comme un juge perspicace. Après avoir été dégradé, il occupa de nouveau la fonction de magistrat à Chang Zhou et termina sa carrière comme chef divisionnaire au ministère de la Justice.

32.

A. Hu Zhi[1] réunit des voisins

Sous la dynastie des Wei*, à l'époque où Hu Zhi était préfet de Chang Zhou, un homme de Dong Guan, nommé Lu Xian, fut assassiné, mais le meurtrier demeura introuvable. Hu Zhi dit : « Ce monsieur n'avait pas d'ennemis connus. En revanche, il avait une très jeune épouse ; elle doit être à l'origine de cet assassinat ! »

Il réunit alors tous les jeunes hommes qui vivaient dans le voisinage de Lu Xian. Parmi eux, un nommé Li Ruo sembla effrayé quand on l'interrogea. Après une vérification minutieuse des faits, il avoua de lui-même son crime.

B. Gao Rou[2] observe la contenance d'un criminel

Sous la même dynastie, à l'époque où Gao Rou était commandant de justice, un soldat d'un camp militaire de défense nommé Dou Li s'en alla pour une courte marche. Comme il ne revint pas, il fut accusé d'avoir déserté. Son épouse née Ying, ses fils et ses filles voulurent défendre l'honneur de Dou Li et portèrent plainte

---

1. Hu Zhi commença sa carrière dans l'armée, puis il fut nommé préfet de Dong Guan sous le règne de l'empereur Wen (220-226). Il exerça cette fonction pendant neuf ans.

2. Gao Rou (174-263) était un fonctionnaire loyal qui fut censeur sous le règne de l'empereur Wen (220-226). Puis il fut nommé commandant en chef sous le règne de l'empereur Ming (226-239).

devant les autorités de l'armée ; car, selon la loi, l'épouse et les enfants d'un déserteur étaient condamnés à devenir des esclaves au service du gouvernement. Personne ne parvenait à résoudre cette affaire, aussi demandèrent-ils à être reçus par le commandant Gao Rou. Ce dernier interrogea l'épouse :

« Pourquoi êtes-vous persuadée que votre mari est mort, et qu'il n'a pas déserté ?

– Mon mari, répondit la femme en pleurant, n'était pas un être irresponsable ; jamais il n'aurait causé de tort à sa femme et à ses enfants !

– Votre mari avait-il des ennemis ? demanda Gao Rou.

– Mon mari était un homme droit, il n'avait pas d'ennemis. »

Le commandant posa une dernière question :

« A-t-il un jour prêté de l'argent à quelqu'un ?

– Une fois, il en a prêté à un camarade, Jiao Ziwen, qui d'ailleurs ne lui a jamais rendu le moindre sou. »

L'homme se trouvait alors en prison pour un autre délit. Gao Rou le convoqua et l'interrogea. Puis, soudain, il changea de ton et lui demanda :

« N'as-tu jamais emprunté d'argent ? »

Jiao Ziwen répondit : « Je suis seul et bien pauvre, jamais je n'oserais emprunter de l'argent à qui que ce soit ! »

Gao Rou remarqua son trouble, aussi insista-t-il : « Tu as bien obtenu de l'argent de Dou Li ! Comment peux-tu prétendre n'avoir jamais rien emprunté ? »

Jiao Ziwen se rendit compte que cette histoire de prêt avait été ébruitée ; il resta abasourdi, incapable de se justifier. Gao Rou reprit alors la parole : « Tu as tué Dou Li, et il vaudrait mieux pour toi que tu reconnaisses ton crime maintenant ! »

Le coupable frappa son front contre terre, et avoua[1].

---

1. Voir aussi l'affaire 72-B : *Gao Rou et l'affaire du braconnage.*

33.

A. Le censeur fait suivre une vieille femme

Sous le règne de l'empereur Zhen Guan[1] de la dynastie des Tang, à Ban Qiao, l'épouse d'un aubergiste, qui se nommait Zhang Ti, partit rendre visite à ses parents. Le jour de son départ, Wang Wei, Yang Zheng et un troisième homme passèrent la nuit dans cette auberge, et s'en allèrent très tôt après la cinquième veille, vers trois heures du matin. Seulement, au milieu de la nuit, un inconnu s'était saisi du couteau de Wang Wei et avait assassiné l'aubergiste. Il avait ensuite replacé le couteau dans l'étui de son vrai propriétaire sans avoir réveillé aucun des trois hommes. Au petit matin, les serviteurs de l'auberge retrouvèrent le corps sans vie de leur patron et se lancèrent à la poursuite des trois hôtes. Ils les rattrapèrent et, après avoir retiré le couteau de son étui, ils découvrirent qu'il était couvert de sang. Les trois hommes furent arrêtés et, sous la torture, avouèrent le crime qu'ils n'avaient pas commis. Condamnés à la peine capitale, ils attendirent que l'empereur donnât son approbation pour l'exécution. Mais ce dernier douta de leur culpabilité et chargea le censeur Jiang Zhang d'ouvrir une nouvelle enquête. Le censeur arriva sur les lieux du crime et passa en revue tout le personnel de l'auberge ; mais il ne comptait pas trouver de suspect parmi cette petite quinzaine d'employés. Aussi ne retint-il personne, à part une vieille femme qui fut placée en garde en vue. Le soir venu, il la relâcha tout en ayant donné l'ordre à un de ses officiers de la surveiller :

1. L'empereur Zhen Guan (626-649) de la dynastie des Tang (618-907).

« Si quelqu'un vient lui adresser la parole pour savoir comment se déroule cette affaire, observe-le bien ! » ajouta le censeur.

Le jour suivant et le surlendemain, il donna les mêmes instructions à son officier. En effet, chaque jour, le même homme abordait la vieille femme pour lui parler. Le troisième jour, le censeur convoqua plus de trois cents hommes et femmes, et demanda à la vieille femme de reconnaître dans cette foule celui ou celle qui lui avait parlé. Elle reconnut l'homme qui l'avait régulièrement abordée. Ce dernier avoua son crime après avoir été interrogé.

Il avait assassiné l'aubergiste, car il était l'amant de sa femme.

B. HAN SIYAN[1] RÉUNIT UNE FOULE DE JEUNES GARÇONS

Sous la dynastie des Tang, à l'époque où Han Siyan était en poste à Bing Zhou, un voleur assassina un homme, mais personne ne put identifier le meurtrier. Les autorités parvinrent néanmoins à arrêter un ivrogne turc qui portait sur lui un couteau recouvert de sang. Il passa aux aveux sous la torture. Han Siyan mit en doute sa déclaration. Le lendemain matin, il convoqua plusieurs centaines de jeunes garçons au tribunal, et les relâcha le soir venu. Pendant trois jours, il rassembla la même foule le matin, pour la libérer le soir. Enfin, il interrogea les jeunes garçons :

« À chaque fois, lorsque vous êtes sortis du tribunal, n'avez-vous pas été abordés par un inconnu qui cherchait à savoir comment s'était déroulée l'audience ? »

Tous les jeunes garçons décrivirent le même homme. Han Siyan retrouva sa trace, et l'interrogea.

Le vrai meurtrier put ainsi être arrêté.

UNE AUTRE AFFAIRE RÉSOLUE PAR HAN SIYAN

À l'époque où Han Siyan était en poste à Yi Zhou, dans la province du Si Chuan, il fut confronté à un procès qui opposait

1. Han Siyan était un habile et honnête fonctionnaire du début du VIIIe siècle.

deux frères ; l'affaire durait depuis plusieurs années déjà. Han Siyan fit apporter une coupe de lait de la cuisine, et leur demanda d'en boire chacun à son tour. Par ce geste, il voulait leur faire entendre que deux êtres qui avaient été nourris par le même sein ne devaient pas s'affronter ainsi.

Les deux frères comprirent la leçon, et se réconcilièrent.

34.

A. Liu Hang[1] et le témoignage des voisins

Sous la dynastie des Song du Nord, à l'époque où Liu Hang était préfet de Heng Zhou, un nommé Yin, d'une importante famille, voulut acquérir un lopin de terre qui appartenait à son voisin ; mais ce dernier ne consentit pas à le lui vendre. Or ce voisin était âgé et n'avait qu'un seul fils ; aussi Yin fabriqua-t-il un faux certificat de vente. Après la mort du voisin, Yin chassa le fils de sa terre. Le fils intenta un procès contre Yin. Vingt années s'écoulèrent sans qu'il puisse parvenir à récupérer son bien. Quand Liu Hang prit ses fonctions à Heng Zhou, le fils porta de nouveau plainte. Alors Yin apporta, en guise de preuves, les reçus des taxes foncières qu'il avait réglées.

« Vous possédez plus de cent arpents de terre. Pourquoi me montrer précisément les reçus qui concernent ce petit lopin ? » lui demanda le préfet. Puis il ajouta : « En outre, quand l'acte de vente a été signé, vous avez probablement demandé à certains voisins d'en être les témoins ! Nombre d'entre eux doivent encore vivre, et je peux les convoquer au tribunal ! »

Yin ne put rien ajouter pour se défendre et reconnut son délit.

L'usage de signer un acte de vente devant des témoins remonte aux anciens temps. Ces dernières années, les autorités ont changé

1. Liu Hang fut admis docteur au concours officiel des fonctionnaires en 1030, et nommé juge de Shu Zhou, où il se distingua en résolvant, en quelques jours à peine, une affaire suspendue depuis plusieurs années. Aussitôt après, il fut promu préfet de Heng Zhou.

cette loi, par pure convenance, sans se douter qu'ils perdaient là un moyen efficace pour identifier le vrai propriétaire d'un bien.

B. HAN YI[1] ET LE TÉMOIGNAGE D'UNE NOURRICE

Sous la dynastie des Song du Nord, à l'époque où Han Yi était préfet de Yang Zhou, Li Jia, un tyran local, profita du décès de son frère aîné pour contraindre sa veuve à se remarier afin qu'elle perde la part qui lui revenait de l'héritage de son défunt mari. Li Jia affirma par ailleurs que le fils qu'elle avait eu n'était pas de son frère ; ainsi espérait-il rester le seul héritier. Sa belle-sœur tenta de porter plainte contre lui à plusieurs reprises. Mais Li Jia avait soudoyé les autorités, et même battu sa belle-sœur jusqu'à ce qu'elle renonce à le poursuivre en justice.

Lorsque Han Yi prit ses fonctions à Yang Zhou, il relut les dépositions et s'aperçut que la nourrice de l'enfant, qu'on présentait comme un bâtard, n'avait jamais été assignée au tribunal pour témoigner. Un jour, il confronta Li Jia et toute sa bande à la nourrice.

Personne ne put contredire les affirmations de la femme, et le tort subi par la veuve fut ainsi réparé.

---

1. Han Yi occupa la fonction de préfet dans plusieurs districts, et acquit alors une bonne réputation. Sous le règne de l'empereur Ren Zong (1022-1063), il fut nommé conseiller d'État et termina sa carrière comme second précepteur du prince héritier.

35.

A. Yuan Ci[1] fait fondre de l'or

Sous la dynastie des Tang, à l'époque où Li Mian[2], duc de Qian, était commandant de Feng Xiang, un fermier, qui labourait son champ, découvrit une jarre remplie de blocs d'or. Les villageois apportèrent la jarre au magistrat du district afin qu'il annonce par missive son transfert à la préfecture. Le magistrat voulut conserver le trésor en lieu sûr, et déposa la jarre dans son propre coffre-fort. Le lendemain, lorsqu'il ouvrit la jarre, il s'aperçut qu'elle ne contenait plus que de simples blocs d'argile. Il en avertit aussitôt la préfecture. L'affaire fut examinée, et l'on convint que seul un escroc pouvait être mis en cause. Une enquête fut ouverte, et le magistrat, qui ne pouvait prouver son innocence, fit de faux aveux disant qu'il avait remplacé l'or par de l'argile. Quand on l'interrogea au sujet du lieu où il avait caché l'or, le magistrat déclara d'abord qu'il l'avait dissimulé sous des immondices, mais que quelqu'un avait dû s'en emparer par la suite. Puis il revint sur sa déposition, et affirma qu'il l'avait plongé dans une rivière ; seulement il ne se souvenait plus de l'endroit précis. Chaque déclaration fut rapportée aux plus hautes autorités, et le commandant Li Mian entra dans une violente colère. Lors d'un banquet, la

1. Yuan Ci était un fonctionnaire réputé pour sa grande érudition. Il fut préfet et commandant de plusieurs districts.

2. Li Mian fut censeur sous le règne de l'empereur Su Zong (756-762) et commandant sous le règne de l'empereur Dai Zong (762-779) ; il fut aussi un grand collectionneur d'art.

conversation tourna autour de cette affaire, et tous les invités exprimèrent leur consternation devant la conduite du magistrat. Seul Yuan Ci, le futur ministre qui faisait alors partie de l'équipe de Li Mian, secoua la tête sans rien ajouter. Li Mian lui demanda de s'expliquer, et Yuan Ci répondit : « Je pense que nous commettons une injustice dans cette affaire ! »

Li Mian chargea alors Yuan Ci d'enquêter à nouveau et de juger ce cas. Yuan Ci commença par vérifier le nombre de blocs d'argile qui se trouvaient dans la jarre, et il en compta deux cent cinquante. Puis il commanda à différentes boutiques de l'or qu'il fit fondre en blocs de la même taille que les morceaux d'argile. La moitié de la quantité requise venait d'être fabriquée et pesait déjà plus de trois cents catties[1]. Yuan Ci demanda ensuite qui avait apporté la jarre chez le magistrat. Deux fermiers l'avaient transportée sur une longue perche de bambou. Un simple calcul permit à Yuan Ci de conclure que les deux hommes auraient été incapables de porter à l'épaule le poids de deux cent cinquante blocs d'or. Ainsi fut-il prouvé que l'or s'était changé en argile avant que la jarre ne fût transférée chez le magistrat.

Ce dernier fut acquitté, et l'affaire élucidée.

B. Sun Bao fait peser des gâteaux

Sous la dynastie des Han de l'Ouest, à l'époque où Sun Bao[2] était gouverneur de la capitale, vivait un vendeur de *Huan San*, des gâteaux que l'on appelle maintenant des « anneaux ». Au marché, un villageois heurta sans le vouloir un marchand de *Huan San*, et tous les gâteaux qu'il transportait tombèrent en mille morceaux. Le villageois était prêt à dédommager le marchand pour les cinquante gâteaux perdus. Cependant, le marchand

1. Le catty ou *kati* est une mesure de poids équivalant à 500 grammes

2. Sun Bao fut préfet de Yi Zhou et de Ji Zhou, puis commandant de Guang Han. Il exerça de hautes fonctions à la cour sous le règne de l'empereur Ai (7-1 av. J.-C.) et de l'empereur Ping (1 av. J.-C. - 5 ap. J.-C.), mais il dut se retirer quand Wang Mang usurpa le pouvoir et fonda l'éphémère dynastie des Xin (8 - 25 ap. J.-C.)

prétendit qu'il y en avait trois cents sur son présentoir. Ne pouvant se mettre d'accord, ils portèrent plainte au tribunal.

Sun Bao les interrogea l'un après l'autre, mais d'aucun il ne put obtenir d'arguments précis. Aussi fit-il acheter un de ces gâteaux chez un autre marchand, et le fit peser. Puis il pesa l'ensemble des gâteaux brisés et divisa ce poids par le poids d'un seul gâteau. Il connut ainsi le nombre exact de gâteaux.

Le marchand reconnut son mensonge.

36.

A. Le greffier Cheng Hao et l'ancienne monnaie

Sous la dynastie des Song du Nord, à l'époque où Cheng Hao, le censeur chargé des enquêtes, était greffier au début de sa carrière à la capitale, vivait un homme qui habitait dans une maison qu'il louait à son frère aîné. Quand ce dernier décéda, il déterra dans le jardin une somme d'argent qui avait été cachée là. Le fils du frère aîné porta plainte au tribunal, et déclara que cet argent avait été enterré par son père.

« Aucune preuve ne peut être établie, ni en votre faveur, ni en celle de votre oncle ! Comment pourrais-je me prononcer sur cette affaire ? demanda le magistrat.

– Ce serait pourtant bien simple ! » rétorqua Cheng Hao.

Ce dernier interrogea le fils : « Quand votre père a-t-il enterré cette somme ?

– Il y a vingt ans », répondit le fils.

Cheng Hao envoya alors un de ses officiers pour qu'il extraie du magot un millier de liquidités. Après avoir examiné attentivement la monnaie, il dit : « L'argent qui a été frappé sous notre gouvernement met seulement cinq ou six années à circuler dans tout l'empire. À vous de m'expliquer comment cette monnaie peut porter les poinçons d'une époque que votre père n'a pas connue ! » Le fils reconnut son mensonge[1].

---

1. Voir aussi l'affaire 3-A : *Cheng Hao interroge un vieux barbon.*

B. Wang Ju et le vieux document

Sous la dynastie des Song du Nord, à l'époque où Wang Ju était magistrat de Rong Lu, dans la région de Xiangyang Zhou, on avait arrêté un voleur, mais, même à l'issue de longs interrogatoires, sa culpabilité ne put être établie. Par hasard, Wang Ju trouva une ancienne lettre au fond du sac du détenu. Il rendit public ce document, et un marchand de Fang Ling s'avança pour déclarer que cette lettre lui avait été volée.

Le coupable avoua son forfait.

37.

A. Liu Gongzhuo[1] force des cercueils

Sous la dynastie des Tang, à l'époque où Liu Gongzhuo était commandant de la région de Xiang Yang, la famine se déclara une année. Elle s'était étendue aux districts voisins. Un jour, un groupe de personnes en deuil s'approchèrent en pleurant des quartiers du commandant. Douze de leurs parents sur trois générations étaient décédés, et ils désiraient les enterrer à Wu Chang. Mais les gardes du gué les empêchaient de traverser la rivière. Chacun implora le commandant de laisser passer la procession. Mais Liu Gongzhuo donna aussitôt l'ordre de les arrêter et de forcer les cercueils ; tous étaient remplis de grain. En effet, on ne saurait engager autant de frais d'obsèques en période de disette.

B. Lu Yuanying[2] arrête un cortège

Sous la dynastie des Tang, Lu Yuanying, qui était à l'époque commandant de la garnison de Yo Yang, partit en promenade

1. Liu Gongzhuo fut réputé pour sa sévérité. Il fut président du ministère du Personnel. L'empereur Xian Zong (805-820) le nomma commandant dans le cadre de ses campagnes, et, sous le règne de l'empereur Wen Zong (826-840), il fut nommé ministre de la Justice, puis commandant de la région du He Dong.

2. Lu Yuanying (749-820) fut préfet de Tong Zhou au début du règne de l'empereur De Zong (779-805), puis nommé successivement censeur de la capitale, gardien de la capitale de l'Est ; c'est à cette époque qu'il déjoua un dangereux complot. Commandant de la région du He Zhong puis secrétaire exécutif du ministère du Personnel, il termina sa carrière avec le titre de conseiller en chef du prince héritier.

pour admirer le paysage. Il aperçut alors cinq hommes en deuil accompagnant une procession funèbre qui s'étaient arrêtés sur le côté gauche de la route.

« Enterrer les morts au loin est bien dispendieux, mais comme il est mesquin de les enterrer trop près ! Dans ce cortège se cachent sans doute des voleurs qui s'apprêtent à commettre quelque forfait ! » se dit Lu Yuanying.

Aussi fit-il mener une enquête, et l'on découvrit que les cercueils ne contenaient rien d'autre que des armes. Les cinq hommes avouèrent qu'ils voulaient traverser la rivière pour se livrer au vol, et qu'ils avaient organisé ces fausses funérailles pour que les passeurs ne soient pas soupçonnés. Lu Yuanying fit alors rechercher leurs complices, qui attendaient leurs compères de l'autre côté de la rivière.

Tous furent arrêtés et exécutés.

38.

A. Liu Yun[1] et le serviteur muet

Sous la dynastie des Tang, à l'époque où Liu Yun était juge dans le Jiang Xi, un moine bouddhiste s'enivra et mit involontairement le feu à sa cellule. Il accusa un serviteur muet d'avoir provoqué l'incendie. Le moine offrit un pot-de-vin à l'officier de police, qui ne procéda pas à l'interrogatoire d'usage et enferma le muet en prison. Néanmoins Liu Yun et l'un de ses collègues avertirent leur supérieur. Ce dernier vint en personne pour questionner le moine.

Le coupable reconnut son crime.

B. Wang Han[2] et la femme folle

Sous la dynastie des Song du Nord, à l'époque où Wang Han était préfet de Dan Zhou, vivait une vieille femme qui souffrait de troubles mentaux et qui allait régulièrement porter plainte à la préfecture. Seulement personne ne comprenait rien à ce qu'elle disait et, la plupart du temps, les gardes la refoulaient. Quand

1. Liu Yun était un fonctionnaire connu qui fut admis docteur au concours officiel à la fin du règne de l'empereur Xuan Zong (712-756). Plus tard, il fut impliqué dans un conflit avec le ministre Zhang Yanshang, et dut démissionner de ses fonctions.

2. Wang Han était l'oncle paternel du grand écrivain Wang Gui (1019-1085). Il débuta sa carrière en tant qu'intendant des Finances dans la région du Guang Dong, puis il fut nommé successivement commissaire assistant au ministère des Finances et préfet de Dan Zhou.

Wang Han prit ses fonctions à Dan Zhou, il donna l'ordre qu'on allât la rechercher afin qu'elle comparaisse dans la salle du tribunal. Tandis qu'elle ne cessait de se frapper le front contre les marches de l'estrade, Wang Han l'interrogea sans perdre patience. Malgré l'incohérence de ses propos, il put, ici et là, saisir de quoi il retournait.

Cette femme avait été mariée ; mais ce fut la concubine de son mari qui donna naissance à un fils. Après la mort de son époux, la concubine l'avait chassée de sa demeure. Puis, en dépit de ses nombreuses protestations devant les autorités, son cas ne fut jamais entendu ; l'injustice et le chagrin avaient eu raison de son esprit.

Wang Han répara le tort qu'elle avait subi, et lui rendit la jouissance de ses biens.

39.

A. Li Nangong et l'usage qu'on tire des ormes

Sous la dynastie des Song du Nord, à l'époque où Li Nangong était magistrat de Chang Sha, deux hommes s'étaient battus à coups de poing. L'un était fort, l'autre faible. Quand ils comparurent devant Li Nangong, les deux plaignants avaient le corps couvert de taches bleues et rouges. Li Nangong examina ces taches du bout des doigts, et dit : « La plainte de l'homme le plus faible est bien fondée ; le plus fort a menti ! » Lors d'un interrogatoire ultérieur, la conclusion du magistrat se révéla juste.

Dans le Sud croît une espèce d'orme. Si l'on frotte les feuilles de cet arbre sur la peau, elles laisseront des traces semblables à des marques de coups de poing. Si l'on arrache l'écorce du même arbre et que l'on en presse un morceau sur la peau à l'aide d'un fer plat et chaud, des traces semblables à des coups de bâton apparaîtront. Ces marques résistent à l'eau. Dans le cas de véritables contusions, le sang coagule et durcit, alors que les fausses traces de sang restent molles[1].

---

1. Voir aussi l'affaire 6-B : *Li Nangong et le nez du criminel.*

B. WANG CHEN[1] ET LES FÈVES DE *PUERARIA* SAUVAGE

Sous la dynastie des Song du Nord, à l'époque où Wang Chen était préfet de Fu Zhou, un homme de cette région voulut se venger d'un ennemi. Il absorba un jour des fèves de *Pueraria* sauvage et provoqua une bagarre avec son ennemi, puis il mourut subitement. Sa famille accusa l'ennemi de meurtre. Wang Chen interrogea l'officier de police :

« Le corps de la victime présente-t-il des blessures mortelles ?

– Les coups portés sont très superficiels », répondit l'officier.

Wang Chen mit en doute le chef d'accusation. Il interrogea la famille, et obtint la vérité.

1. Wang Chen fut un juge réputé pour son intelligence. Nommé tout d'abord préfet de Fu Zhou, il devint en 1023 conseiller politique de la Droite, c'est-à-dire des affaires militaires, alors que la Gauche renvoie aux affaires civiles. Il termina sa carrière avec la fonction de censeur exécutif.

40.

A. Ou Yangying identifie deux fils coupables

Sous la dynastie des Song du Nord, à l'époque où Ou Yangying était préfet de She Zhou, un cambrioleur pilla le trésor d'un homme riche. Le coupable de ce forfait resta longtemps introuvable.

« N'essayez pas d'arrêter un voleur quelconque ! Convoquez les deux fils de l'homme riche, et enfermez-les en prison ! » ordonna le préfet.

Les deux fils furent ainsi poursuivis en justice, et reconnurent le vol. Les officiers du tribunal doutèrent de l'authenticité de leurs aveux et crurent qu'ils avaient reconnu leur culpabilité seulement pour échapper à la torture.

Mais lorsque les biens dérobés furent retrouvés chez eux, ils n'eurent plus le moindre doute.

B. Sun Changqing[1] soupçonne un frère aîné de meurtre

Sous la dynastie des Song du Nord, à l'époque où Sun Changqing était préfet de He Zhou, un homme déclara que son plus jeune frère avait été assassiné par un inconnu. Sun

1. Sun Changqing (1004-1069), malgré une culture médiocre, fut réputé pour avoir résolu des affaires difficiles.

Changqing trouva que son témoignage manquait d'émotion, et il lui demanda :

« À quel niveau d'impôt votre famille est-elle soumise ?

– Au plus élevé.

– De combien de personnes se compose votre famille ?

– Nous sommes seulement quatre avec mon frère, sa femme et son fils. »

Sun Changqing dit enfin :

« C'est vous qui avez assassiné votre jeune frère. Car vous vouliez vous emparer de tous ses biens, n'est-ce pas ? »

Une enquête ultérieure prouva qu'il était bien l'auteur du crime.

41.

A. Guo Gong[1] distingue deux types d'erreur

Sous la dynastie des Han de l'Est, à l'époque où Guo Gong, un officier de commanderie, était au service des Trois Ducs, deux frères tuèrent ensemble un homme, et personne ne put établir la responsabilité de chacun dans cette affaire. L'empereur Ming choisit de condamner le frère aîné à la peine capitale et de commuer la peine du cadet, car il estimait que ce dernier n'avait agi que sous la mauvaise influence de son frère. Sun Zhang, un gentilhomme de la cour, fut chargé de communiquer la décision impériale ; mais il se trompa et déclara que la peine de mort avait été requise pour les deux frères. Un ministre ne manqua pas de rapporter cette erreur au trône, et plaida pour que l'on condamne Sun Zhang à être rompu par la taille pour falsification de décision impériale. Guo Gong, qui était réputé pour son érudition dans le domaine pénal, fut convoqué par l'empereur, qui désirait connaître son avis.

« Sun Zhang devra payer une amende », dit Guo Gong.

L'empereur rétorqua :

« Sun Zhang a falsifié mon jugement et il a causé la mort d'un homme. Pourquoi le condamner à une simple amende ?

– La loi distingue l'erreur préméditée *(Gu)* et l'erreur involontaire *(Wu)*. Sun Zhang a commis une faute d'inattention, et une peine légère suffit dans ce cas-là. »

---

1. Guo Gong fut surtout connu en tant que juge, et mourut au milieu du règne de l'empereur Zhang Di (75-88).

L'empereur répondit :

« Sun Zhang et les deux frères sont tous les trois originaires de la même région. Aussi je le soupçonne d'avoir prémédité son erreur : il était soit un ami de la victime, soit un ennemi des deux frères. »

Guo Gong dit alors :

« La route de la capitale est lisse comme une meule, droite comme la trajectoire d'une flèche[1]. L'homme de bien est incapable de tromper quelqu'un par calcul. Les empereurs et les rois prennent le Ciel pour modèle, et les châtiments qu'il inspire ne peuvent être détournés pour servir des desseins personnels. »

L'empereur loua les observations de Guo Gong, et le nomma chef de tribunal dans sa commanderie.

B. ZHEN XILIANG[2] PORTE SECOURS À UN FONCTIONNAIRE QUI A QUITTÉ SON POSTE SANS AUTORISATION

Sous la dynastie des Song du Nord, à l'époque où Zhen Xiliang était inspecteur à Kai Feng, un nommé Zhao Yu, qui était originaire de Qing Zhou, signala au trône la rébellion imminente d'un prince[3]. Mais Zhao Yu fut condamné pour délation et banni à Qian An. Quand, l'année suivante, le prince tenta effectivement

1. *Zhou dao ru di qi zhi ru shi.* Chant IX, *« Da Dong »,* de la deuxième section *(Xiao Ya)* du *Shi Jing,* le *Livre des odes,* écrit entre le IXe et le VIIIe siècle av. J.-C. Premier couplet : « (Sous les premiers empereurs de la dynastie des Zhou régnait l'abondance.) *Il y avait de grands vases remplis de millet* (qu'on offrait aux esprits), *et des cuillers recourbées en bois de jujubier* (qui servaient à retirer les viandes des chaudrons). *La route de la capitale est lisse comme une meule, droite comme la trajectoire d'une flèche.* (Elle était très battue.) *Les dignitaires la suivaient* (pour aller rendre hommage à l'empereur) *; les hommes du peuple la voyaient* (et la parcouraient). *À présent, lorsque je tourne mes regards vers cette route* (je la vois déserte), *je verse un torrent de larmes. »* (L. B.)

2. Zhen Xiliang fut un juge bienveillant et équitable qui réussit à résoudre un grand nombre d'affaires difficiles. Il fut admis docteur au concours officiel des fonctionnaires en 1030, et, après l'avènement de l'empereur Ren Zong (1022-1063), nommé vice-président de la Cour des sacrifices. Il mourut peu après.

3. Il s'agit de Li Yuanhao, prince de Xi Xia, qui se révolta pour fonder un royaume indépendant.

de se rebeller pour fonder un royaume indépendant, Zhao Yu adressa une requête aux autorités, qui refusèrent d'examiner de nouveau son cas. Aussi se rendit-il à la capitale pour plaider lui-même sa cause. On l'accusa d'avoir quitté Qian An sans permission officielle, et il fut jeté en prison. Zhen Xiliang soumit alors son rapport au trône et défendit la cause de Zhao Yu qui, selon lui, devait être récompensé au lieu d'être châtié. L'empereur approuva ce jugement.

42.

A. Yin Zhongkan[1] absout un homme qui a fait de fausses déclarations

Sous la dynastie des Jin de l'Est[2], à l'époque où Yin Zhongkan était préfet de Qing Zhou, un nommé Huang Qinsheng de Gui Yang, et dont les parents étaient décédés depuis longtemps, revêtit sans raison les habits de deuil en chanvre[3], et déclara qu'il allait enterrer son père. La loi prévoyait l'exécution publique pour quiconque proférait un tel mensonge. Mais Yin Zhongkan dit :

« Si l'on s'accorde avec l'esprit de cette loi, nous devrions absoudre l'accusé. Déclarer le décès de ses parents quand ces derniers sont encore en vie constitue un délit de la pire espèce envers la nature humaine ; un tel crime doit être puni sans délai par une exécution publique. En revanche, les parents de Huang Qinsheng sont morts depuis longtemps, et leur fils est seulement reconnu coupable d'avoir émis une fausse déclaration. »

La peine capitale de Huang Qinsheng fut ainsi commuée.

---

1. Yin Zhongkan était connu pour ses hautes qualités morales. L'empereur Xiao Wu (372-396) lui offrit d'administrer trois préfectures en même temps.

2. 317-420, capitale à Nankin, dans la province de Jiang Su.

3. En Chine, le blanc est la couleur du deuil – plutôt couleur de lin ou de chanvre –, caractéristique des robes sans coutures que l'on portait à cette occasion. « Porter le deuil » se dit « s'habiller de piété filiale » *(Chun Xiao)*. Le deuil porté par le fils pour son père ; par le père pour son fils aîné ; par l'épouse pour son mari ; par la fille non mariée pour son père ; par le vassal pour son suzerain durait trois ans. (L. B.)

B. Dou Can[1] n'accorde pas son indulgence malgré un deuil

Sous la dynastie des Tang, à l'époque où Dou Can était inspecteur à Feng Xian, un nommé Cao Fen et son plus jeune frère, qui étaient soldats dans l'armée du Nord, s'enivrèrent et abusèrent de leur plus jeune sœur. Le père essaya en vain de la défendre, puis, accablé de chagrin, il se suicida en se jetant dans un puits. Dou Can réclama la peine de mort pour les deux frères, mais leurs compagnons d'armes demandèrent à Dou Can de leur accorder un sursis pour qu'ils puissent porter le deuil de leur père.

« Accorder un sursis à ceux qui ont causé la mort de leur père sous prétexte qu'ils sont en deuil de lui reviendrait à laisser un parricide impuni ! » déclara Dou Can. Et il fit battre à mort les deux frères.

---

1. Dou Can se distingua par son sens impartial de la justice, et s'avéra être un spécialiste des questions judiciaires et administratives. En 792, il fut promu vice-gouverneur de Bin Zhou après avoir été censeur.

43.

A. Xue Xuan[1] et le drap coupé en deux

Sous la dynastie des Han de l'Ouest, un marchand se rendit au marché avec un drap en soie imperméable. Quand il commença à pleuvoir, il déplia son drap pour s'en recouvrir. Un moment plus tard survint un homme qui lui demanda s'il pouvait venir s'abriter avec lui sous son drap. Le marchand lui en tendit alors un pan. Quand la pluie cessa de tomber, les deux hommes voulurent aller chacun leur chemin et se disputèrent le drap ; aussi portèrent-ils plainte. Le grand administrateur Xue Xuan fit couper le drap en deux et en donna une moitié à chacun des plaignants. Puis il ordonna à ses gardes de les suivre et d'écouter ce qu'ils diraient. L'homme qui était venu s'abriter se réjouissait, et répétait : « J'ai gagné la faveur du grand administrateur ! » tandis que le marchand ne cessait de crier qu'il avait été victime d'une injustice. Leurs paroles furent rapportées à Xue Xuan, qui interrogea l'homme venu s'abriter. Ce dernier passa aux aveux.

B. Fu Yong entraîne deux voleurs dans une course

Sous la dynastie des Qin antérieurs[2], à Qi Zhou, une vieille femme fut agressée par un voleur, et, avant qu'elle ne succombe à

1. Xue Xuan fut magistrat de la capitale de la dynastie des Han de l'Ouest, puis censeur.

2. Cf. note 2 p. 128.

ses blessures, elle put crier : « Au voleur ! » Un passant vint à son secours, et rattrapa l'agresseur. Ce dernier accusa faussement du crime le passant, qui protesta de son innocence devant le préfet, où ils furent tous deux conduits. Fu Yong leur dit : « Vous allez faire la course ! Le premier qui parviendra à la ville de Feng Yang sera déclaré innocent ! »

Quand ils furent de retour, Fu Yong se tourna avec un regard sévère vers le perdant de la course, et lui dit : « C'est toi le voleur ! »

Fu Yong avait raisonné de la façon suivante : si le voleur avait été un bon coureur, jamais il n'aurait pu être rattrapé par un passant. Le meilleur coureur était donc celui qui avait réussi à saisir le voleur[1].

1. Voir l'affaire 29-A : *Fu Yong, sur les ablutions et les oreillers.*

44.

A. Xiao Yan et la vache tuée par le tonnerre

Selon les décrets en vigueur sous le règne de l'empereur Lie Zu[1] de la dynastie des Tang du Sud, tout voleur dont le butin était évalué à plus de trois unités était condamné à mort. À cette époque, un homme de Ji Zhou perdit quelques couvertures neuves qu'il venait de faire sécher au soleil avec ses vêtements. Le montant des biens disparus s'élevait à plusieurs milliers d'unités, et l'homme accusa son voisin de l'avoir volé. Le voisin ne put supporter l'interrogatoire sous la torture, et reconnut un délit qu'il n'avait pas commis. Quand on lui demanda où il avait caché les couvertures, l'accusé répondit qu'il les avait vendues au premier venu au marché et qu'il lui était impossible de savoir ce qu'elles étaient devenues. Seulement, le jour de son exécution, le condamné, regrettant ses confessions, se lamenta à haute voix et cria à l'injustice, ce qui émut toute l'assistance. Les autorités locales prévinrent le trône, et l'empereur Lie Zu chargea Xiao Yan, le chef de division, d'examiner l'affaire depuis le début. Xiao Yan jeûna et pria dans l'espoir sincère de rétablir la vérité. Le jour de son arrivée à Ji Zhou, le ciel, clément jusqu'alors, se chargea soudain de nuages de pluie, le tonnerre gronda et tua une vache[2] qui n'appartenait à nul autre qu'à celui qui avait perdu ses couvertures. On ouvrit les entrailles de l'animal foudroyé : les couvertures s'y trouvaient !

1. 937-975.
2. Selon la croyance chinoise, ce n'est pas la foudre qui tue, mais le tonnerre.

La vache les avait avalées tandis qu'elles séchaient, et elles n'avaient pas encore été digérées.

B. Xiao Huaiwu utilise des informateurs

À l'époque du royaume de Shu[1], un homme du nom de Xiao Huaiwu avait sous ses ordres une troupe chargée d'enquêtes qui se composait de cent personnes, et chacune avait sous son autorité plus de dix informateurs qui étaient connus sous le nom de « chiens ». Dans le moindre recoin, parmi les vétérinaires, les tenanciers de débits de boissons, les mendiants et les *coolies*, et même dans la foule des petits vendeurs de rue, Xiao Huaiwu avait placé ses informateurs. Toute parole au sujet d'une affaire privée ou publique lui était rapportée dans l'instant. Aussi tout le peuple vivait-il dans la terreur, et chacun soupçonnait l'autre d'être l'un des « chiens » de Xiao Huaiwu. Ce dernier put ainsi éliminer un nombre incalculable de sujets qu'il jugeait indésirables.

Quand le général Guo Chongdao, des Tang du Sud*, annexa le royaume de Shu, il mit à mort Xiao Huaiwu ainsi que tous les membres de sa famille.

Celui qui s'était tant préoccupé de chasser les mauvais éléments fut ainsi reconnu lui-même coupable des crimes les plus odieux.

---

1. L'existence du royaume de Shu fut de courte durée : 907-925 (il fait partie de la période dite des « Dix Royaumes », pendant laquelle le Sud de la Chine se morcela).

45.

A. Zhang Zu[1] cache une partie d'un faux document

Sous la dynastie des Tang, à l'époque où Zhang Zu était inspecteur de He Yang, un nommé Lu Yuan fabriqua un faux document qui était censé avoir été émis par Feng Shen, le grand intendant des Greniers publics. Il vendit ainsi le grain de l'État en toute illégalité. Feng Shen se défendit, et déclara n'avoir jamais donné une telle autorisation. Quant à Lu Yuan, il affirmait qu'il avait bien entre les mains un original signé de la main de Feng Shen. Zhang Zu prit alors la déposition que Lu Yuan avait écrite et recouvrit la feuille de telle sorte qu'un seul idéogramme demeurât visible ; puis il interrogea Lu Yuan :

« Reconnais-tu ton écriture ? »

Lu Yuan répondit qu'il n'était pas l'auteur de ces traits. Zhang Zu ôta le cache et lui brandit sa déposition sous le nez. Lu Yuan reçut cinquante coups de fouet pour mensonge à magistrat. Zhang Zu prit alors l'autorisation censée avoir été émise par Feng Shen et plaça un autre cache dessus, laissant seulement deux idéogrammes à découvert. Puis il posa de nouveau la même question

1. Zhang Zu (660-741) eut une carrière mouvementée. Reconnu pour son brillant style littéraire, il acquit néanmoins une mauvaise réputation à cause de son caractère libertin et fut une fois banni dans le sud de la Chine. Réhabilité par la suite, il termina sa carrière en tant que chef-assistant du Bureau des portes du palais. Son œuvre littéraire connut un grand succès en Corée et au Japon grâce aux ambassades qui se rendaient alors dans la capitale des Tang. Un de ses romans érotiques, *Voyage du côté de la Grotte aux Immortels (You Xian Ku),* devint très populaire au Japon, où il fut préservé.

à Lu Yuan. Ce dernier affirma cette fois qu'il reconnaissait son écriture. Zhang Zu ôta le cache, et lui brandit son faux sous le nez.

Lu Yuan avoua son forfait[1].

B. Lang Jian[2] distingue deux styles d'écriture

Sous la dynastie des Song du Nord, à l'époque où Lang Jian était secrétaire exécutif de Dou Zhou, un petit fonctionnaire décéda et laissa derrière lui son jeune fils. Le beau-frère de ce dernier, qui vivait avec lui, fabriqua un faux document selon lequel son beau-père lui léguait les terres du jeune fils. Des années plus tard, le fils devenu adulte porta plainte à plusieurs reprises devant les autorités locales, sans jamais obtenir satisfaction. Le trône eut connaissance de cette affaire, et l'empereur désigna Lang Jian pour se charger de l'enquête. Lang Jian se procura un ancien document et le montra au beau-frère. Puis il lui demanda :

« Reconnaissez-vous l'écriture de votre beau-père ?

– Oui, c'est bien la sienne. »

Lang Jian prit alors le faux document et le lui montra : la graphie en était tout à fait différente.

Le beau-frère passa aux aveux.

1. Voir aussi l'affaire 71-A : *Zhang Zu part à la recherche d'une selle.*

2. Lang Jian fut admis docteur au concours officiel des fonctionnaires au début du règne de l'empereur Zhen Zong (997-1022) et termina sa carrière avec la fonction de secrétaire exécutif du ministère des Travaux publics.

46.

A. Bao Cheng fait battre un garde

Sous la dynastie des Song du Nord, Bao Cheng était réputé pour sa sévérité quand il était préfet de Kai Feng, et ses propres gardes recevaient souvent des coups de bambou. Un jour, un homme qui avait offensé la loi devait recevoir en châtiment une série de coups. Il remit un pot-de-vin à un garde qui, après l'avoir accepté, lui dit :

« Quand tu vas comparaître devant le préfet aujourd'hui, il m'ordonnera à coup sûr de te battre. Je ne frapperai pas fort, mais toi tu devras crier pour clamer ton innocence. Le préfet me fera battre aussi de toutes les manières, et nous n'aurons plus qu'à nous partager la bastonnade ! »

Quand le détenu fut amené devant lui, Bao Cheng, après avoir terminé de l'interroger, ordonna au garde de le rouer de coups de bambou. Le détenu agit alors comme convenu, et ne cessa de crier que justice lui soit rendue. Puis le garde s'écria : « Après cette bastonnade, tu seras relâché ! À quoi cela te sert de hurler ainsi ? »

Bao Cheng estima que le garde avait outrepassé son rôle en décidant à sa place que le détenu serait libéré après la punition. Aussi le fit-il jeter par terre afin qu'il reçoive dix-sept coups de bambou par le détenu, qui voyait ainsi sa bastonnade allégée du nombre de coups qu'il devait à présent infliger au garde.

Bao Cheng fut persuadé qu'il pouvait ainsi briser l'arrogance des gardes, mais il ne se doutait pas qu'il avait été trompé par ceux qu'il avait cru punir[1].

---

1. Voir aussi l'affaire 23-B : *Bao Cheng et la vache à qui on a coupé la langue.*

B. Zhou Yu[1] fait arrêter un officier

Sous la dynastie des Han de l'Est, à l'époque où Zhou Yu était ministre du marquis de Shaoling, un officier du tribunal qui redoutait la sévérité de Zhou Yu chercha à lui nuire pour affaiblir son prestige. Au petit matin, il s'empara d'un cadavre qui avait été retrouvé à l'extérieur de la ville, lui coupa les mains et les pieds et le suspendit devant la porte du tribunal. Dès qu'il en fut informé, Zhou Yu se rendit sur les lieux, et se mit à rire et à parler avec le cadavre. Tout en devisant comme si son interlocuteur était encore vivant, il examina discrètement le corps et découvrit qu'il avait les yeux et la bouche couverts d'enveloppes de grains de riz sèches. Ensuite, il interrogea en secret les gardes à la porte de la ville :

« Ce matin, qui est entré dans la ville avec un fardeau de paille sur le dos ?

– Nous avons seulement vu l'officier du tribunal », lui répondit-on.

Zhou Yu interrogea son serviteur : « Ce matin, quand je me suis mis à rire et à parler avec le cadavre, n'as-tu remarqué personne derrière moi qui paraissait perplexe ?

– L'officier du tribunal semblait sceptique, en effet », répondit le serviteur.

Zhou Yu le fit arrêter, et, après avoir été interrogé, l'officier passa aux aveux.

---

1. Zhou Yu fut préfet. Il vivait dans le plus extrême dénuement et reçut le soutien de l'empereur Zhang (75-88). Il mourut avec la fonction de directeur des travaux du palais.

47.

A. Fang Jie[1] et la liste des victimes

Sous la dynastie des Song du Nord, à l'époque où Fang Jie était enquêteur au censorat, un déserteur de l'armée voulait se venger d'un homme riche. Il accusa ce dernier d'avoir tué douze personnes par sorcellerie, en adressant des prières aux démons. L'affaire ne put être jugée pendant longtemps. Aussi l'empereur donna l'ordre à Fang Jie de se rendre sur les lieux et de mener une enquête. Fang Jie somma l'accusateur de lui livrer les noms des personnes qui, selon lui, avait été assassinées par l'homme riche. Il s'en fut à la recherche desdites victimes, et découvrit que la plupart d'entre elles étaient en parfaite santé.

L'affaire fut ainsi résolue.

B. L'empereur Wen Di et l'écriture du rebelle

Sous la dynastie des Liu Song, pendant la vingt-deuxième année du règne de Wen Di[2], Kong Xixian[3], Xu Zhanzhi, Xu Yue,

---

1. Fang Jie commença sa carrière dans l'armée. Après avoir été nommé magistrat, il fut promu censeur. Réputé pour son sens de l'administration, on ne lui connut qu'un seul défaut, son profond penchant pour le vin. Aussi termina-t-il sa carrière avec le titre de maître des Banquets de l'empereur.

2. En 446 du règne de l'empereur Wen (424-453).

3. Kong Xixian était un savant fonctionnaire, mais ses mérites ne furent jamais reconnus par l'empereur. Il choisit alors d'épouser la cause du prince de Peng Cheng, qui avait reçu la protection du père de Kong Xixian.

Xie Zong et Fan Ye complotèrent pour placer sur le trône Yi Kang, Le prince de Peng Cheng. Xu Zhanzhi les dénonça à l'empereur qui ordonna leur arrestation. Tous avouèrent, sauf Fan Ye, qui prétendait ne pas être des leurs. L'empereur le fit examiner à plusieurs reprises, et Fan Ye finit par dire : « C'est Kong Xixian qui m'a calomnié ! »

Mais l'empereur ordonna que l'on montrât à l'accusé une proclamation des rebelles, qu'il avait lui même écrite et rédigée.

Fan Ye reconnut enfin sa culpabilité.

48.

A. Chen Fenggu et le voleur capturé

Sous la dynastie des Song du Nord, à l'époque où Chen Fenggu était vice-préfet de Bei Zhou, un voleur entra par effraction dans la maison d'un soldat, qui réussit à s'emparer de lui. La mère du soldat voulut aussi s'en saisir, mais son fils l'en empêcha et la repoussa. Elle tomba alors à la renverse, et mourut le jour suivant. Le soldat fut conduit devant le représentant de l'autorité locale, qui voulut le condamner à mort pour avoir tué sa mère. Seulement Chen Fenggu émit l'objection suivante : « Il est contraire à la loi de relâcher un voleur après l'avoir maîtrisé. La loi donne à celui qui s'est emparé d'un voleur le droit de repousser toute personne qui tenterait de se saisir par la force dudit voleur. Si la personne repoussée meurt dans de telles circonstances, le décès doit être jugé comme dans un cas de légitime défense. Il serait donc contraire à la loi de condamner cet homme. »

Ces paroles furent rapportées à l'empereur, qui choisit de punir le soldat par une simple bastonnade. Tous louèrent l'équité de ce verdict.

B. Hu Xiang et le voleur battu à mort

Sous la dynastie des Song du Nord, à l'époque où Hu Xiang était inspecteur de police à Yuan Zhou, au début de sa carrière, un homme déroba de la nourriture et fut battu à mort par celui qu'il avait volé. Les autorités de la préfecture voulurent faire exécuter l'homme qui avait tué le voleur, mais Hu Xiang émit une objection : « Selon la loi, il devrait seulement recevoir une bastonnade. »

Le préfet refusa le jugement de Hu Xiang, et il revint à l'empereur de se prononcer. Ce dernier donna raison à l'inspecteur de police[1].

1. Ce jugement n'est valable que lorsqu'il est prouvé que l'accusé a battu le voleur sans avoir eu l'intention de lui donner la mort.

49.

A. Un censeur égare une déposition écrite

Sous la dynastie des Tang, à l'époque où Li Jing[1] était préfet de Ji Zhou, quelqu'un l'accusa de fomenter une révolte. L'empereur Gao Zu[2] donna l'ordre à son censeur de procéder à une enquête à Ji Zhou. Le censeur savait que Li Jing avait été victime d'une calomnie, aussi demanda-t-il à être accompagné par l'accusateur. Lorsqu'ils eurent quitté la capitale et dépassé plusieurs étapes, le censeur s'arrêta soudain, et feignit d'avoir perdu un document :

« Votre déposition, je ne la trouve plus ! » s'écria-t-il, comme s'il était désemparé. Et il pria l'accusateur d'en rédiger une nouvelle. Le censeur étudia la déposition que l'accusateur venait de rédiger à nouveau, et s'aperçut qu'elle ne ressemblait pas à la première. Le censeur revint le jour même à la capitale et en avertit l'empereur, qui réagit violemment. Il ordonna que l'on décapite l'accusateur pour diffamation. Le nom de l'habile censeur ne nous est pas parvenu.

1. Li Jing (571-649) fut tout d'abord fonctionnaire sous la dynastie des Sui (589-618). Après l'avènement de la dynastie des Tang, il fut condamné à mort, car les nouveaux dirigeants doutaient de son dévouement au pouvoir. Il fut gracié en dernier lieu et reçut de hautes charges.

2. Gao Zu (618-626) est le premier empereur de la dynastie des Tang (618-907).

B. Guo Yuan demande un autographe

Sous la dynastie des Wei, à l'époque où Guo Yuan[1] était préfet de Wei, circula une lettre anonyme qui calomniait l'empereur. Furieux, ce dernier ordonna que l'on retrouvât son auteur. Guo Yuan demanda à prendre connaissance de cette lettre, et veilla à ce que personne ne sût qu'elle était en sa possession. Il l'étudia, et y reconnut de nombreuses citations tirées des *Deux Capitales*[2]. Guo Yuan dit au conseiller des mérites : « Il existe peu d'érudits dans cette préfecture. J'aimerais que nos étudiants partent à la capitale pour étudier auprès d'un maître ce poème sur les *Deux Capitales.* »

Les étudiants partirent donc, et trouvèrent un professeur capable de commenter le poème en question. Puis ils lui demandèrent d'écrire quelques lignes qu'ils firent parvenir à Guo Yuan. Le préfet en compara la graphie avec celle de la lettre anonyme et découvrit qu'elles avaient été écrites par la même main. Le professeur fut arrêté et, après l'interrogatoire d'usage, passa aux aveux[3].

1. Guo Yuan fut l'élève d'un lettré célèbre, Zheng Xuan (127-200). Lorsque le général Cao Cao (155-220) devint le premier empereur de la dynastie qu'il fonda (Tai Zu des Wei), il offrit de hautes charges à Guo Yuan.

2. Récitatif *(Fu)* écrit par Zhang Heng (78-139) pour rivaliser avec celui que le célèbre historien Ban Gu (32-92) avait composé. Ce poème met en scène deux personnages qui discutent des mérites respectifs des capitales de l'Est et de l'Ouest.

3. En ces temps, les livres étaient rares, et peu d'érudits pouvaient s'offrir une vaste bibliothèque. Aussi se spécialisaient-ils sur des textes précis, et les commentaires qu'ils en tiraient étaient considérés comme un secret professionnel qu'ils partageaient seulement avec leurs plus proches étudiants. (L. B.)

50.

A. Fan Wei prétend être l'héritier de Fan Zha

Sous la dynastie des Song du Nord, à l'époque où Liu Chang[1] était préfet de Yun Xingjun, un nommé Fan Wei, d'une famille éminente, déclara, après avoir reçu une distinction militaire, que Fan Zha était son grand-père. Il fit ouvrir la tombe de ce dernier pour y enterrer avec lui sa propre grand-mère. Pendant cinquante ans il se fit passer pour le petit-fils de Fan Zha ; il se déroba aux obligations militaires et entrava souvent la loi. Il fut enfin condamné aux travaux forcés dans la région des frontières, mais il réussit aussitôt à acheter son acquittement. Les habitants de Chang An étaient tous indignés par sa conduite ; seulement aucun des représentants de l'ordre n'osait s'opposer à lui. Liu Chang mena une enquête et fut en mesure de prouver la culpabilité de Fan Wei. Mais, avant de pouvoir rendre son jugement, il fut nommé dans une autre région. Dès lors, Fan Wei modifia ses déclarations à plusieurs reprises, acquit des centaines de nouveaux témoignages, et l'issue de cette affaire fut ainsi reportée d'année en année. Enfin l'empereur chargea d'enquête son censeur, et tous deux approuvèrent les premières conclusions prononcées par Liu Chang.

1. Liu Chang (1019-1068) était un lettré très connu pour son vaste savoir et l'excellence de son style littéraire.

B. Han Ju étudie avec attention les enseignements de Deng Sixian

Les habitants du Jiang Xi sont friands de procès. Ils possèdent un manuel, le *Deng Sixian*, qui recense les modèles et les documents que l'on utilise en cas de litige. Il expose tout d'abord de quelle manière s'y prendre pour calomnier quelqu'un à travers un écrit. Si les lettres ou les faux avis ne suffisent pas, il est conseillé d'utiliser toute forme de tromperie et de diffamation. Si ces derniers moyens s'avèrent inefficaces, on pousse alors la personne que l'on veut calomnier à commettre un délit afin d'être en mesure de la menacer par la suite. Deng Sixian est le nom de celui qui fut le premier à transmettre cet art de la délation. Aussi cet ouvrage porte-t-il son nom. Dans les écoles de village, les élèves étudient souvent ce manuel.

À l'époque où Han Ju était vice-administrateur de Qian Zhou, certains habitants fabriquaient de toutes pièces de fausses accusations, puis ils venaient crier et se lamenter de la manière la plus convaincante. En l'absence du préfet, Han Ju fut chargé de le remplacer, et il profita de cette nomination inattendue pour étudier les habitudes de la population. Il procéda à une enquête pour élucider tous les cas insolubles, de telle sorte que personne sous son autorité ne puisse induire de nouveau la justice en erreur. Ainsi, tous ceux qui avaient porté plainte sans raison reconnurent qu'il s'agissait d'accusations gratuites. Han Ju était le frère aîné de Han Zhi[1], et, au terme de sa carrière, il fut nommé intendant fiscal du nord et du sud du Zhe Jiang.

1. Han Zhi (1008-1075) était un homme politique de la dynastie des Song du Nord. Il devint Premier ministre.

51.

A. Yu Zhongwen[1] convoque des troupeaux de vaches au tribunal

Sous la dynastie des Zhou du Nord, à l'époque où Yu Zhongwen était préfet d'An Gu dans le domaine du prince de Zhao, deux hommes, nommés Du et Ren, perdirent chacun une vache. Une des vaches égarées fut retrouvée, et les deux hommes se la disputèrent. Les autorités locales demeurèrent incapables de résoudre le litige. L'administrateur de Yi Zhou appela Han Boxi et lui dit : « Yu Zhongwen s'est toujours montré un brillant enquêteur dans sa jeunesse. On devrait le charger de cette affaire. »

Le préfet convoqua les deux plaignants au tribunal avec leurs troupeaux de vaches, et laissa la vache égarée choisir entre les deux troupeaux : elle choisit celui de Ren. Puis il demanda à l'un de ses hommes d'infliger une légère blessure à la vache. Ren poussa un long soupir de chagrin, tandis que Du resta impassible. Ce dernier dut reconnaître son mensonge.

1. Yu Zhongwen servit dans l'armée sous la dynastie des Zhou, puis il se rendit célèbre sous la dynastie suivante des Sui (581-618) en affrontant les envahisseurs Kitan, et acquit le grade de commandant en chef. À la fin de sa carrière, il subit une défaite pendant la campagne contre la Corée, et fut fait prisonnier. Il mourut en captivité.

B. Gu Xianzhi[1] relâche une vache

Sous la dynastie des Liang du Sud[2], à l'époque où Gu Xianzhi était magistrat de Jian Kang, un homme se fit voler une vache. Le voleur et le propriétaire de la vache se la disputèrent, et personne ne put résoudre le litige. Gu Xianzhi donna l'ordre de relâcher la vache et de la laisser aller à sa guise. Elle retourna d'elle-même chez son véritable maître. Le voleur passa alors aux aveux.

1. Gu Xianzhi était un fonctionnaire bienveillant et compétent. Il termina sa carrière avec la fonction de vice-gouverneur de Yang Zhou et mourut en 509.

2. 502-557, capitale à Nankin, dans la province du Jiang Su.

52.

A. Zhang Sheng[1] enquête autour d'un puits

Sous la dynastie des Song du Nord, à l'époque où Zhang Sheng était préfet de Run Zhou, un homme partit de chez son épouse. Au bout de plusieurs jours il n'était toujours pas revenu. Soudain, le bruit courut qu'un corps avait été retrouvé au fond d'un puits qui se trouvait dans un champ de légumes. L'épouse se rendit sur les lieux et, en pleurant au bord du puits, elle s'écria : « C'est mon mari ! »

Les autorités en furent averties, et Zhang Sheng donna l'ordre à ses officiers de rassembler tous les habitants du voisinage autour de ce puits afin que chacun puisse identifier le corps. Tous déclarèrent que le puits était trop profond pour pouvoir affirmer qu'il s'agissait bien du mari ou de quelqu'un d'autre.

« Personne dans cette assistance ne parvient à identifier le corps ; pour quelle raison cette femme serait-elle la seule à reconnaître son mari ? » demanda Zhang Sheng.

Aussi fut-elle arrêtée, et menée au tribunal pour y être interrogée par le magistrat.

La vérité put être établie : le mari avait été assassiné par l'amant de cette femme, qui lui avait confié auparavant la façon dont il s'y prendrait pour le faire disparaître.

---

1. Zhang Sheng (992-1077) fut nommé censeur en 1055, puis commissaire aux Affaires militaires. Il termina sa carrière avec le titre de grand précepteur du prince héritier.

B. Cai Gao[1] reste sur la plage

Sous la dynastie des Song du Nord, à l'époque où Cai Gao était inspecteur de Fu Zhou, une femme perdit ses deux fils qui étaient partis pêcher en mer. La femme désigna quelqu'un comme leur ennemi et l'accusa de meurtre devant le magistrat. L'officier chargé d'instruire l'affaire créa quelques difficultés, et dit : « La tempête a très bien pu les tuer ; rien ne prouve que cet ennemi est le meurtrier. Si les corps ne sont pas retrouvés, la loi ne pourra rien pour vous ! »

Cependant Cai Gao fit rechercher en secret l'ennemi de la femme, et découvrit où il se trouvait. Puis il fit cette promesse à la mère des deux fils : « Si, au bout de dix jours, les corps ne sont pas retrouvés, je m'engage à mettre votre ennemi en état d'arrestation. »

Pendant dix jours, Cai Gao resta sur la plage, et les flots rejetèrent enfin les corps. L'autopsie révéla que les deux fils ne s'étaient pas noyés accidentellement : ils avaient été assassinés.

L'ennemi fut arrêté, interrogé et exécuté.

---

1. Cai Gao (1012-1067) était un célèbre écrivain de la dynastie des Song du Nord. Sa biographie se trouve au chapitre 320 de l'*Histoire officielle des Song*.

53.

A. Liu Shi[1] brûle un prétendu cadavre

Sous la dynastie des Song du Nord, à l'époque où Liu Shi était préfet de Fu Ping à Yue Zhou, au début de sa carrière, un bandit enleva le fils et la fille de quelqu'un. Il fut arrêté, et aussitôt fit semblant d'être mort[2]. Au moment où on allait examiner son corps, il réussit à s'échapper. On le captura de nouveau, et il joua le mort comme la première fois.

Liu Shi le fit brûler vif.

B. Gao Fang et le prétendu fou

Sous la dynastie des Zhou postérieurs, à l'époque où Gao Fang avait été nommé chef de division au ministère de la Justice, un homme, à Su Zhou, assassina sa femme avec un couteau. Les proches de l'accusé offrirent un pot-de-vin à la famille de la victime, qui devait prétendre que le mari était fou et incapable de parler. Aussi ne fut-il pas interrogé sous la torture, et l'affaire fut transmise à la Haute Cour de justice, qui le condamna à une simple bastonnade. Gao Fang néanmoins révisa l'instruction et

---

1. Liu Shi commença par être juge dans le Hu Nan, puis magistrat. Il occupa ensuite de hautes fonctions à la capitale et fut enfin promu au ministère des Sacrifices.

2. Le terme employé ici, *Yang Si,* « suspendre le yang », fait référence à une pratique taoïste. L'auteur confucéen n'emploie pas le terme taoïste et a utilisé l'expression *Zha Si* à la place, « faire semblant d'être mort ».

dit : « Aucune attestation médicale ne nous a été délivrée pour prouver la folie de cet homme ainsi que son incapacité de parler. Selon quelle déposition a-t-il été condamné à une simple bastonnade ? Par ailleurs, pendant les mois qu'il a passés en prison, n'a-t-il jamais ouvert la bouche pour demander à boire ou à manger ? Ce procès doit être entièrement révisé depuis le début ; ainsi apprendrons-nous enfin la vérité ! »

L'empereur fut aussi de cet avis, et l'accusé fut exécuté[1].

1. Voir aussi l'affaire 30-B : *Gao Fang compare des étoffes.*

54.

A. Wang Nuo[1] et la lettre anonyme

Sous la dynastie des Tang, à l'époque où Wang Nuo était commandant de la région de Huai Nan, quelqu'un déposa au tribunal une lettre anonyme accusant une autre personne.

L'adjoint du commandant la prit pour la lui remettre avec une liasse de documents divers. Quand ses officiers se furent éloignés, le commandant tira la lettre du tas, et brûla le reste des papiers. Tous pensèrent qu'il avait mis le feu à toutes les lettres, y compris celle qui était anonyme. Mais le commandant rentra chez lui et put examiner à sa guise l'accusation qu'elle contenait. Il attendit néanmoins une autre affaire pour impliquer l'homme qui avait été dénoncé dans la lettre. Puis il le fit arrêter, et le jugea en avançant comme preuves les informations de la même lettre.

Wang Nuo détrompa ainsi ses subordonnés, qui louèrent sa perspicacité.

---

1. Wang Nuo occupa divers postes avant d'être nommé censeur exécutif. Il était réputé pour sa parcimonie et son obsession des détails. Sous le règne de l'empereur De Zong (779-805), il fut nommé commandant de la région du He Dong.

B. Li Zhiyuan[1] se souvient d'un nom

Sous la dynastie des Tang, Li Zhiyuan était chargé des nominations officielles. Il avait en horreur les officiers subalternes de son service qui acceptaient les pots-de-vin. Il dégrada et exila nombre d'entre eux. Aussi, dans son entourage, chacun se gardait-il de se mêler à ces pratiques. Un jour, un officier changea le nom d'un fonctionnaire qui allait recevoir sa lettre de révocation, dans l'espoir de recevoir un dédommagement substantiel de sa part. Le fonctionnaire se nommait *Wang*, et l'officier n'eut qu'à effacer le premier trait de son nom pour le transformer en l'idéogramme *Shi*.

Seulement Li Zhiyuan dit : « J'ai traité plus de trente mille dossiers de fonctionnaires dans ma carrière, et je n'ai jamais entendu parler d'un nommé "Shi". Derrière ce faux nom ne se cache-t-il pas celui de Wang Zhong ? »

L'officier se frappa le front contre terre, et reconnut son délit.

1. Li Zhiyuan fut recommandé auprès de l'impératrice Wu Zetian (684-704) pour un poste au ministère du Personnel. Il l'obtint et fut nommé secrétaire exécutif. Il termina sa carrière avec la fonction de préfet de Bi Zhou.

55.

A. Zhang Xichong[1] se prononce au sujet d'un héritage

Sous la dynastie des Tang, à l'époque où Zhang Xichong était commandant de la garnison de Fen Zhou, un homme qui avait été adopté et nourri depuis son plus jeune âge par une famille du nom de Guo se montra si capricieux et désobéissant quand il devint adulte que ses parents d'adoption le chassèrent de chez eux. Or l'héritier, qui était leur fils légitime, était lui aussi parvenu à l'âge adulte. Quand les parents Guo décédèrent, les autres membres de la famille conclurent un accord secret avec le fils adoptif afin qu'il touche l'héritage et le partage avec eux. Il intenta donc un procès pour être reconnu comme le seul fils légitime des Guo. L'affaire fut entendue plusieurs fois sans qu'aucun jugement ne puisse être rendu. Puis, quand Zhang Xichong eut pris connaissance des dépositions, il prit la décision suivante :

« Le plaignant n'est pas resté aux côtés de son père quand ce dernier était encore de ce monde ; ensuite, quand sa mère est morte, il n'a pas pris le deuil. Dans le cas où il ne s'agit pas de leur véritable fils, le plaignant s'est rendu coupable en se conduisant avec ingratitude envers ceux qui l'ont élevé et soigné pendant vingt ans. Dans le cas où il s'agit de leur véritable fils, le plaignant

1. Zhang Xichong commença sa carrière dans l'armée sous le règne du dernier empereur de la dynastie des Tang (Ai Zong, 904-907). Il se distingua par ses actions contre les envahisseurs Kitan et par sa personnalité de savant discret qui fuyait la compagnie des femmes et des bons vivants.

est aussi reconnu coupable pour son attitude rebelle envers les trois cents principes rituels[1]. Comment pourrait-on laisser en héritage les terres de notre patrie confucéenne à un homme qui en a offensé l'éthique ? »

Aussi Zhang Xichong attribua-t-il l'héritage au fils légitime.

B. Zhang Qixian[2] et l'échange des demeures

Sous la dynastie des Song du Nord, à l'époque où Zhang Qixian était chef du Conseil, une dispute éclata dans l'entourage de l'empereur au sujet d'une injuste répartition de certains biens. Comme les deux parties qui s'opposaient appartenaient par alliance à la famille de l'empereur, l'affaire fut soumise directement à ce dernier. Une dizaine de propositions différentes furent émises, mais aucune ne contenta les plaignants. Zhang Qixian dit alors : « Cette affaire ne peut être résolue par le censeur du palais. Je prie Votre Majesté de me donner la permission de la traiter. »

L'empereur lui accorda cette faveur, car il portait le titre de conseiller depuis plusieurs règnes.

Un jour, alors que Zhang Qixian présidait une réunion du Conseil, il convoqua les deux parties, et à chacune demanda : « N'avez-vous pas l'impression d'avoir été lésés dans le partage des biens ? »

---

1. Les « trois cents principes rituels » font référence au chap. XXVII du *Zhong Yong* : « Qu'elle est ample, la voie du sage ! Débordant de tous côtés, elle déploie et nourrit tous les êtres, et dans son élévation atteint au Ciel. Comme elle domine par son ampleur ! Elle embrasse les trois cents principes rituels, les trois mille règles de conduite. » Ce texte est attribué à l'école de Zi Si, fondée par le petit-fils de Confucius, au ve siècle av. J.-C. François Jullien a traduit le titre de cet ouvrage par : *Régulation à usage ordinaire.* Voir aussi *L'Invariable Milieu,* traduit par Séraphin Couvreur, réimp. Cathasia, 1895 (L.B.).

2. Zhang Qixian était un lettré qui vivait dans la pauvreté. Il fut remarqué par le premier empereur de la dynastie des Song du Nord (Tai Zu, 960-976) et fut ensuite admis docteur au concours officiel des fonctionnaires. Conseiller sous le règne de trois empereurs successifs, son prestige dépassait celui du censeur impérial.

Les deux parties acquiescèrent. Le chef du Conseil leur demanda de consigner officiellement cela par écrit. Puis il dépêcha deux fonctionnaires afin qu'ils procèdent à l'échange des propriétés. A devait emménager dans la demeure de B, et B dans la demeure de A ; les effets personnels et le mobilier de chacun devaient toutefois rester à leur place d'origine. Zhang Qixian remit alors à chacun les titres de propriété de l'autre, et la querelle prit fin séance tenante.

56.

A. Wang Xun[1] compare des sceaux

Sous la dynastie des Song du Nord, à l'époque où Wang Xun était préfet de Zhao Zhou, une personne fut dénoncée pour avoir fait fabriquer un faux sceau préfectoral afin de l'apposer sur d'anciens documents officiels. L'affaire ne put être élucidée pendant longtemps. Le fonctionnaire des autorités concernées affirma que l'empreinte provenait bien d'un sceau falsifié, car elle ne ressemblait pas à celle que la préfecture avait l'habitude de délivrer. On demanda son avis à Wang Xun, qui détenait d'anciens documents remontant à l'époque de Jing De[2], et il vit que les sceaux qui y étaient imprimés ne différaient en rien de celui qui était mis en cause. L'accusateur reconnut alors que sa dénonciation était injustifiée. Les documents comportant le sceau mis en cause dataient de l'époque de Jing De, et le fonctionnaire aurait dû les comparer avec des documents aussi anciens, sachant que les idéogrammes gravés sur un sceau se patinent avec le temps. Mais il ne soupçonnait pas qu'une empreinte pouvait être différente tout en provenant du même sceau[3].

---

1. Wang Xun est probablement issu de la même famille que Wang Gui. Voir note de l'affaire 38-B : *Wang Han et la femme folle.*

2. Période Jing De (1004-1007), sous le règne de l'empereur Zhen Zong (997-1022).

3. Les sceaux se patinent à l'usage, et l'empreinte peut ainsi s'altérer. Néanmoins, on distingue deux types de sceaux. Ceux qui sont gravés pour laisser l'empreinte des idéogrammes blanche sur fond rouge *(Bai Wen)* s'usent moins vite que ceux qui sont gravés en relief pour laisser l'empreinte des idéogrammes rouge sur fond blanc *(Zhu Wen).*

B. YIN SHU[1] CONSULTE D'ANCIENS REGISTRES

Sous la dynastie des Song du Nord, à l'époque où Yin Shu était magistrat du district de Yi Yang, dans le He Nan, une femme, qui était devenue orpheline quand elle était encore toute petite, prétendit être la fille légitime d'un certain M. He, mort sans laisser d'enfants. Un voisin vint témoigner pour démentir les déclarations de cette femme ; l'héritage de M. He devait revenir entièrement à l'État. Plus tard, quand le voisin décéda, la femme porta de nouveau plainte devant le tribunal, afin que l'héritage pris par l'État lui soit rétrocédé. L'affaire ne put être résolue pendant longtemps. Enfin Yin Shu en prit connaissance, et il interrogea la femme :

« Quel âge avez-vous ?

– J'ai trente-deux ans », répondit-elle.

Yin Shu consulta le registre des décès, et lut que M. He était mort pendant la deuxième année du règne de l'empereur Zhen Zong[2], laissant sa veuve, née Liu, comme unique chef de famille.

« Vous êtes née pendant la cinquième année du règne de l'empereur Zhen Zong[3] ; comment pouvez-vous prétendre être la fille de M. He ? »

La femme reconnut sa tromperie.

1. Yin Shu (1001-1047) était un grand lettré, spécialiste de littérature ancienne.

2. C'est-à-dire en 999.

3. C'est-à-dire en 1002.

57.

A. Sun Deng[1] compare des balles

Sun Deng, le fils aîné et prince héritier du fondateur de la dynastie des Wu* partit un jour à cheval, lorsqu'une balle fut tirée, qui le manqua de peu. Il ordonna à sa suite de partir à la recherche de celui qui avait voulu l'abattre. Un homme qui portait un arc et un sac de munitions à la ceinture fut retrouvé[2]. Tous estimèrent qu'il s'agissait du coupable, mais il nia les faits. Les serviteurs du prince demandèrent la permission de fouetter l'accusé, mais Sun Deng refusa. Il avait comparé la balle tirée sur lui avec celles que contenait le sac du prévenu. Comme elles étaient différentes, l'homme fut relâché.

---

1. Le père de Sun Deng, Sun Quan (181-252) est resté célèbre à cause de son éléphant dont il avait voulu connaître le poids. Voici l'histoire : Sun Quan interrogea ses ministres : « Qui peut calculer le poids de cet éléphant ? » Aucun des ministres ne le pouvait : « Il n'existe pas de balance assez grande pour le peser. » Quelqu'un dit pourtant : « J'ai trouvé une solution ! » Il demanda qu'on emmène l'éléphant sur un bateau, puis il traça un trait sur la coque au niveau de l'eau où le bateau était immergé. L'éléphant fut ensuite ramené sur la rive, et il demanda qu'on charge le bateau de pierres. Au fur et à mesure que les pierres s'entassaient, le bateau baissa dans l'eau jusqu'au niveau du trait. « Arrêtez de remplir le bateau », dit-il. Puis, il fit peser toutes les pierres. C'est ainsi que l'on put connaître le poids de l'éléphant.

Sun Deng était le fils aîné de Sun Quan. Il se montra bienveillant et très attentif au bien-être du peuple. On raconte que, lorsqu'il partait à la chasse, il évitait de passer par les champs cultivés. Il mourut prématurément à l'âge de trente-deux ans.

2. À cette époque, en Chine, les arcs pouvaient être munis d'un dispositif leur permettant de tirer des balles.

B. Li Deyu[1] fait modeler des morceaux d'or

Sous la dynastie des Tang, à l'époque où Li Deyu était commandant de la garnison à l'ouest du Zhe Jiang, l'abbé du temple de Gan Lu[2] déclara que son prédécesseur avait détourné des morceaux d'or qui devaient être remis au temple. Il ajouta dans sa déposition le témoignage de plusieurs anciens abbés, et affirma que le poids des ors avait été noté précisément quand on les avait ajoutés au trésor du temple juste avant leur livraison. Or, selon le prêtre, l'or ne parvint jamais à destination. Quand l'enquête fut terminée, et l'ancien abbé formellement accusé de détournement de fonds, Li Deyu mit en doute la culpabilité du prévenu, car on ne savait rien de la façon dont il avait dépensé l'argent qu'il avait obtenu de la vente des morceaux d'or.

« Les documents concernant l'existence de cet or sont toujours passés de main en main, mais personne n'en a jamais vu un seul morceau. Comme je me tenais à l'écart et que je ne me suis jamais mêlé de leurs manigances, ils ont tous profité du jour convenu pour la livraison pour me désigner comme le seul coupable. »

Sur ces mots, l'ancien abbé éclata en sanglots.

Li Deyu fit apporter des cages en bambou, et y enferma tous les moines impliqués dans cette affaire. Il leur ordonna de s'asseoir face au mur, de telle sorte qu'aucun d'eux ne puisse voir son

1. Li Deyu (787-849) fut un éminent fonctionnaire qui joua un rôle important sur la scène politique de cette époque. Réputé pour sa rigueur, il fut le conseiller de l'empereur Wu Zong des Tang (840-846).

2. Le temple de Gan Lu est un temple bouddhiste célèbre situé près de Zhen Jiang, dans la province du Jiang Su. Les persécutions contre les bouddhistes commencèrent en 845, quatre ans avant la mort de Li Deyu. Dès 836, un décret avait interdit aux Chinois d'avoir aucun rapport avec les « gens de couleur », terme qui désigne les étrangers originaires des régions situées au-delà du Pamir et de l'Asie du Sud-Est : Iraniens, Sogdiens, Arabes, Indiens, Malais, Sumatranais… Ce décret conduisit à la grande proscription des religions étrangères et de la première d'entre elles, le bouddhisme. Or l'Église bouddhique détenait la plus grande partie des métaux précieux de l'empire, sous forme d'objets cultuels, de cloches et de statues, et l'une des premières mesures adoptées sera de faire fondre en monnaie ces objets – monnaie que, par crainte de sacrilège, on refusera dans les milieux populaires. Cf. Jacques Gernet, *op. cit.*, p. 258 (L.B.).

voisin. À chacun on donna de l'argile, avec laquelle il devait modeler la forme des morceaux d'or disparus. Les moines, ne sachant pas à quoi ressemblaient ces morceaux d'or qui n'avaient jamais existé, en façonnèrent chacun un de forme différente. Li Deyu, furieux, les déclara tous coupables d'avoir calomnié l'ancien abbé.

58.

A. Liang Shi[1] prête de l'importance aux incantations magiques

Sous la dynastie des Song du Nord, à l'époque où Liang Shi avait été nommé au Bureau des enquêtes judiciaires, il y avait un sorcier de Zi Zhou, du nom de Bo Yanhuan, qui pouvait jeter des sorts en invoquant les mauvais esprits. Comme les personnes qu'il ensorcelait mouraient, le sorcier passa en jugement à la capitale ; mais, comme aucune des victimes ne portait de traces de coups violents, les juges hésitèrent à rendre leur verdict.

Liang Shi dit : « La victime d'une agression peut toujours tenter de se débattre si l'agresseur l'attaque avec un couteau, par exemple ; mais quelle résistance peut-elle opposer à des incantations magiques ? »

Le sorcier fut donc condamné à mort.

B. Yuan Tuan[2] et le moine libertin

Sous la dynastie des Qi du Sud[3], à l'époque où Yuan Tuan était préfet de Jiang Ling avant d'être nommé conseiller auprès du

---

1. Liang Shi (1001-1070) fut recommandé auprès de l'empereur Zhen Zong (997-1022) et occupa le poste de magistrat de plusieurs districts avant d'être nommé à de hautes fonctions ministérielles.

2. Yuan Tuan posséda dès son plus jeune âge de grandes dispositions pour la littérature. Après l'avènement de la dynastie des Qi du Sud, il fut nommé censeur, puis conseiller du prince de Lu Ling.

3. 479-502, capitale à Nankin, dans la province du Jian Su.

prince de Lu Ling, deux frères vivaient dans ce district. Le cadet avait une femme qui avait été séduite par un moine du temple de Zeng Kou. Un soir, le moine pénétra dans sa demeure pour rejoindre la femme, mais le frère aîné l'en empêcha et le tua. Lors de l'enquête qui suivit le meurtre, le frère aîné déclara qu'il n'avait pas eu d'autre solution, pour mettre un terme à cette relation illicite, que de tuer le moine débauché, car s'il avait intenté un procès, la honte serait tombée sur toute sa famille. Le frère cadet s'accusa aussi du crime, et fit la même déclaration. Les deux frères se disputèrent ainsi le fait d'être reconnu coupable et condamné à mort. Le magistrat de Jiang Ling exposa cette affaire au préfet, qui lui dit : « Aucun des deux frères n'est de nature agressive. Le jour de leur procès, leur droiture a même touché le cœur des passants. Du temps de la dynastie des Han, ne vous souvenez-vous pas d'un cas similaire ? L'écrivain Kong Rong[1] se désigna comme l'auteur d'un délit que son frère aîné avait commis, et tous les deux se disputèrent le châtiment. La justice se montra bienveillante alors. Les motivations de nos deux prévenus sont parfaitement similaires : si la loi doit condamner le meurtrier, doit-elle faire périr des hommes qui agissent avec tant de loyauté ? »

Les deux frères ne furent pas exécutés.

1. Kong Rong (153-208), poète et écrivain de la dynastie des Han. Il fit partie du groupe des Sept Poètes de l'époque Jian An (196-220), qui fut l'une des plus brillantes de l'histoire de la littérature chinoise.

59.

A. Un officier de la cour refuse de condamner la femme d'un meurtrier

Sous la dynastie des Song du Nord, le lettré Shen Kuo dit : « Dans la ville de Su Zhou, un homme assassina ses beaux-parents, mais aussi tous les frères de sa femme. Les autorités locales classèrent ce crime dans la catégorie des plus inhumains ; aussi voulurent-elles condamner l'épouse à la même peine que son mari. »

Un officier de la cour émit alors cette objection : « Dès lors qu'un époux porte un coup sur les parents de sa femme, la dissolution du mariage est prononcée d'emblée. Le couple est considéré comme séparé à plus forte raison si l'époux tue ses beaux-parents ! L'épouse ne peut être impliquée dans l'affaire présente, et condamnée comme son mari[1]. »

B. Kong Shenzhi[2] et la mère injuriée

Sous la dynastie des Liu Song*, à l'époque où Kong Shenzhi était premier secrétaire du Bureau du contrôle judiciaire du ministère de la Guerre, un homme nommé Zhang Jiangling insulta sa propre mère de concert avec sa femme en lui répétant qu'ils préfé-

1. Nous retrouverons Shen Kuo dans l'affaire 63-A : *Un officier du tribunal remet en cause l'attribution d'un héritage.*

2. Kong Shenzhi était premier secrétaire du Bureau du contrôle judiciaire du ministère de la Guerre sous le règne de l'empereur Ming (465-472).

raient tous les deux la voir morte. La pauvre mère, accablée de chagrin, choisit de se pendre. Zhang Jiangling et son épouse bénéficièrent d'une amnistie générale. Or toute personne qui tuait, blessait ou frappait ses parents était, malgré l'amnistie, condamnée à être décapitée, la tête étant seulement exposée sur la place publique au lieu d'être taillée en morceaux. Ceux qui devaient être exécutés parce qu'ils avaient insulté leurs parents voyaient leur peine commuée en cas d'amnistie. Seulement la loi n'avait pas prévu le cas d'une personne ayant provoqué la mort de l'un de ses parents par des insultes. Kong Shenzhi se prononça sur cette affaire lors du Conseil :

« Dans un village, s'il existe une rue qui porte un nom répugnant, l'homme de bien se gardera de s'y engager[1], de même qu'il fuira tout ce qui peut être seulement désigné par un mot odieux. La loi interdit de tuer ou de blesser quelqu'un en recourant à des incantations magiques ; aussi va-t-il de soi que celui qui injurie quelqu'un jusqu'à entraîner sa mort ne saurait être gracié. Malgré l'amnistie, Zhang Jiangling devra être décapité, et sa tête exposée sur la place publique. Le respect plus que l'affection naturelle doit dicter la conduite d'une bru envers sa belle-mère, et, même si nous reconnaissons que ce sont surtout les propos du fils qui ont poussé la mère à se suicider, l'épouse de Zhang Jiangling mérite aussi la peine de mort. Il ne saurait en être autrement si nous respectons la loi à la lettre. »

L'empereur approuva la décision de Kong Shenzhi, et l'épouse fut elle aussi exécutée sur la place publique.

1. Ce passage fait référence à deux chapitres du *Lun Heng* de Wang Chong. « Confucius refusa de boire l'eau de la Source des voleurs, et Zeng Zi ne consentit pas à pénétrer dans un quartier appelé Mère vaincue, afin d'éviter tout contact avec quelque chose de mauvais, de souillé, ne voulant pas se compromettre dans des endroits portant des noms contraires à la morale. » Cf. Nicolas ZUFFEREY, *Wang Chong. Discussions critiques*, Paris, Gallimard, 1997, pp. 76 et 113 (L.B.).

60.

A. Sun Liang[1] et la jarre de miel

Sous la dynastie des Wu l'empereur Sun Liang mangea un jour des prunes fraîches. Il demanda à son chancelier de prendre un récipient en argent pourvu d'un couvercle et de le faire remplir de miel par le gardien des Magasins. Or le chancelier nourrissait d'anciennes rancunes contre ce gardien, et profita de cette circonstance pour jeter dans les réserves de miel des excréments de rat. Puis il accusa le gardien de négligence devant l'empereur, qui convoqua aussitôt le coupable. Ce dernier prit la jarre où était conservé le miel, et se rendit chez l'empereur, qui lui dit :

« La jarre dont tu as la responsabilité est pourvue d'un couvercle, n'est-ce pas ? Et, de plus, son étanchéité est assurée par un papier huilé ; aucun élément étranger ne saurait y entrer de lui-même, à moins qu'on ne l'y dépose intentionnellement. Le chancelier pourrait-il t'en vouloir à propos d'une requête que tu lui aurais refusée ? »

Le gardien se frappa le front contre terre et dit :

« Cet homme m'a un jour demandé de le laisser prendre quelques nattes que je garde dans nos magasins ; mais j'ai refusé de les lui donner.

1. Sun Liang est le plus jeune fils du fondateur de la dynastie des Wu (222-280), Sun Quan (181-252). Il fut placé sur le trône par son père juste avant la mort de ce dernier. Détrôné en 258 par sa propre famille, dont il ne pouvait venir à bout des intrigues, il fut plus tard connu dans l'histoire sous le vocable de « l'empereur destitué ».

– Voilà, je pense, le motif de sa rancune. Nous allons nous en assurer de ce pas. »

L'empereur fit ouvrir la jarre contenant les excréments de rat, puis il dit en souriant :

« Si ces excréments étaient tombés dans la jarre depuis longtemps, ils seraient imprégnés de miel. Or, il sont secs à l'intérieur et humides à l'extérieur ; ils ont donc été déposés dans l'intention de te nuire. »

Le chancelier passa alors aux aveux.

B. Du Ya[1] et la coupe de vin

Sous la dynastie des Tang, à l'époque où Du Ya était commandant de la garnison de Wei Yang, un homme riche perdit son père, et commença à traiter sa belle-mère sans aucun respect. Le jour du Nouvel An, il vint présenter ses hommages à sa mère, qui lui tendit une coupe de vin selon l'usage. Mais le fils feignit de croire qu'elle était empoisonnée et renversa la coupe par terre. Le vin répandu sembla entrer en ébullition. Alors il accusa sa mère d'avoir voulu le tuer.

« Le Ciel sait quel mensonge éhonté tu as osé proférer ! » cria la mère en se frappant la poitrine.

L'affaire fut présentée devant le tribunal, et Du Ya interrogea le fils :

« Savez-vous qui a servi ce vin ?

– C'est la grande dame[2] qui a rempli la coupe.

– De quelle dame s'agit-il ?

– Il s'agit de ma femme. Elle a ensuite apporté la coupe à ma mère, répondit le fils.

1. Du Ya fut le conseiller politique de l'empereur Su Zong des Tang (756-762), gouverneur de la région du Jiang Xi. Promu secrétaire exécutif au ministère de la Justice en 784, puis gouverneur de la région de Huai Nan, il termina sa carrière en tant que commandant de la défense de la capitale de l'Est.

2. *Chang Fu* : le fils utilise cette expression pour ne pas désigner directement son épouse.

– Si c'est votre épouse qui a rempli la coupe, pourquoi ne pas l'accuser, elle, d'y avoir versé le poison ! Comment pouvez-vous calomnier ainsi votre mère ? » dit Du Ya.

Puis il poursuivit son interrogatoire en privé. Il s'avéra que le couple avait imaginé ce stratagème pour nuire à la mère et la faire inculper de tentative de meurtre contre son fils. Le mari et son épouse furent jugés selon la loi.

61.

A. Fu Long[1] délibère sur le fait de briser les liens de famille

Sous le règne de l'empereur Wen, de la dynastie des Liu Song[2], la femme d'un nommé Huang Qu, de Yan Xian, tua l'épouse de son fils. Or Mme Huang bénéficia d'une amnistie générale. Les parents de la victime étaient encore vivants alors, et la malheureuse épouse avait laissé derrière elle un fils qui s'appelait Cheng. Selon la loi, la meurtrière aurait dû être exilée à plus de deux mille *li*. Fu Long, l'administrateur en chef de la Gauche, qui était sous les ordres du Grand Instructeur, émit les observations suivantes :

« Le lien qui unit un père et son fils est parmi toutes les formes de parenté celui qui est le plus étroit ; ces deux êtres ne représentent qu'une forme de croissance particulière issue de la même graine. Les liens qui unissent le fils de la meurtrière et le fils de la défunte, c'est-à-dire le père et le fils, sont à considérer de la même manière que ceux qui unissent la meurtrière et son propre fils. Ces personnes représentent, certes, trois générations différentes, mais elles ne forment qu'un seul corps. Le fils Cheng a été atteint au plus haut point par la mort de sa mère, mais il ne lui revient en aucun cas le droit de se venger de sa grand-mère, car, selon les Anciens, l'autorité des grands-parents l'emporte sur celle des géné-

1. Fu Long (369-451) fut un grand lettré, spécialiste du Livre des rites. Autour de l'an 425, il fut nommé censeur exécutif, puis préfet. Il termina sa carrière avec le titre de directeur des Sacrifices impériaux.

2. L'empereur Wen (424-453) de la dynastie des Liu Song (420-479).

rations suivantes. Si le fils Cheng tue sa grand-mère, ne serons-nous pas alors obligés d'intenter aussi un procès au père de Cheng ? Si nous offrons aux pères et aux fils, aux petits-enfants et aux grands-parents la liberté de s'entretuer, nous allons à l'encontre des grands principes des anciens rois et des lois instituées par Gao Yao[1]. Un ancien décret condamne les parents d'un meurtrier à être exilés à plus de deux mille *li*. Mais ce châtiment ne peut être appliqué dans le cas où les liens de parenté que je viens d'évoquer unissent l'assassin et sa victime. Dans cette affaire, la meurtrière doit être séparée de sa famille pendant toute l'année de deuil, et simplement bannie à plus de mille *li*. Or la loi dit aussi ceci : tous les proches d'une personne condamnée à l'exil sont autorisés à la suivre s'ils le souhaitent.

« Or, si la meurtrière est bannie, son fils ne manquera pas de la suivre. Selon l'éthique confucéenne, s'il la suit en exil, il ne peut pas y emmener son fils ! La honte oppressera la grand-mère pendant tout le reste de sa vie, et le fils Cheng s'en affligera jusqu'à la fin de ses jours. En aucun cas on ne doit briser les relations des grands-parents avec leurs petits-enfants. »

L'affaire fut jugée en conséquence.

B. Le jeune empereur Wu définit le rôle de la belle-mère

Sous le règne de l'empereur Jing, de la dynastie des Han de l'Ouest[2], le commandant de justice effectua le transfert à la capi-

1. Gao Yao soutint devant l'empereur Shun (2257 av. J.-C.), dont il était le ministre des Délits, une joute oratoire avec Yu-le-Grand (2207 av. J.-C.), qui fut déclaré vainqueur. Yu-le-Grand régna, et Gao Yao devint son ministre pendant trois ans, après quoi il mourut. Surnommé le Justicier ferme, Gao Yao fut considéré comme le juge idéal. Il a pour emblème le cerf à corne unique, autrement dit la licorne. Cet animal sait épargner les innocents et reconnaître le vrai coupable, qu'il encorne. Dans le *Lun Heng* (chap. XXIX, t. 2, traduit par Alfred Forke, Patagon Boom Galerie, 1962, p. 321), Wang Chong indique que dans les tribunaux de la dynastie des Han on peignait l'effigie de Gao Yao et celle de la licorne. Le même auteur précise que Gao Yao avait une bouche de cheval.

2. L'empereur Jing (157-141 av. J.-C.), de la dynastie des Han de l'Ouest (206 av. J.-C. - 8).

tale d'un prisonnier nommé Fang Nian. La belle-mère de Fang Nian avait tué le père de Fang Nian, et ce dernier s'était vengé en la tuant à son tour. Ce crime s'apparentait, selon la loi, à un crime de lèse-majesté[1] et devait être puni en tant que tel. Cependant, l'empereur émit quelques réserves quant au châtiment qu'il devait appliquer. Au même moment, le prince héritier[2], qui avait seulement douze ans, se tenait aux côtés de son père, qui lui demanda son avis.

« Une belle-mère n'est pas une mère, même si leur rôle se ressemble, répondit le jeune garçon, car les obligations réciproques qui régissent les relations entre un fils et sa belle-mère ou entre un fils et sa mère sont similaires. Dans cette affaire, la belle-mère a commis un crime odieux. Or, dès l'instant où elle a tué le père du fils de ses propres mains, toutes les obligations filiales ont cessé d'exister. C'est pourquoi le fils coupable doit être jugé pour homicide, et non pour matricide. »

1. *Dan Ni.*
2. Le futur empereur Wu, des Han (141-87 av. J.-C.).

62.

A. Dai Zhou s'élève contre l'inégalité de deux châtiments

Sous la dynastie des Tang, à l'époque où Dai Zhou était vice-président de la Haute Cour, Changsun Wuqi, le beau-frère de l'empereur, avait été convoqué par ce dernier et s'était rendu au palais en passant par la porte de l'Est, sans toutefois déposer son épée avant de pénétrer dans l'enceinte. Feng Deyi, du ministère de la Droite, fit remarquer que l'officier chargé de garder la porte de l'Est avait manqué à son devoir en ne remarquant pas que Changsun Wuqi avait gardé son épée, et qu'il méritait la peine de mort. En revanche, une simple amende suffirait pour punir Changsun Wuqi.

L'empereur approuva le jugement de Feng Deyi, mais le vice-président de la Haute Cour émit l'objection suivante :

« L'officier et Changsun Wuqi devraient recevoir le même châtiment. Jamais un homme d'État envers son souverain, ni un enfant envers son père n'invoquera un manque d'inattention pour se défendre d'une erreur qu'il a commise. La loi prévoit la peine capitale lorsque la vie de l'empereur est mise en danger aussi bien parce que quelqu'un a gardé son épée lors de l'audience que lorsqu'on lui apporte des médicaments, de la nourriture ou des boissons inappropriés. Votre Majesté pourrait pardonner à Changsun Wuqi en raison des loyaux services qu'il a rendus. Seulement vous infligeriez d'injustes châtiments si vous condamniez votre beau-frère à payer une simple amende tout en laissant l'officier se faire exécuter. »

« La loi est la même pour tous dans l'empire, dit l'empereur. Nous ne saurions accorder notre clémence à un coupable malgré les liens de parenté qui nous unissent à lui. »

Aussi ordonna-t-il que l'on procédât à une nouvelle instruction de l'affaire. Feng Deyi resta sur sa position, et l'empereur s'apprêtait à suivre son jugement, quand le vice-président de la Haute Cour s'interposa et dit :

« Si Changsun Wuqi n'avait pas, par mégarde, oublié d'enlever son épée, l'officier chargé de garder la porte ne serait pas accusé d'avoir commis une faute d'inattention. Selon la loi, l'officier devrait recevoir une punition moins conséquente que votre beau-frère. Tous deux ont agi par inadvertance, et rien ne paraîtrait plus injuste que de condamner un seul homme à la peine capitale. »

L'empereur prit alors la décision de les acquitter tous les deux[1].

B. Xu Yugong, à propos des degrés d'implication

Sous la dynastie des Tang, à l'époque où Xu Yugong[2] était secrétaire au ministère de la Justice, un nommé Han Qunxiao accepta de travailler pour les rebelles, mais il mourut avant de pouvoir prendre ses fonctions. Le juge chargé de l'enquête fit son rapport au trône, et ajouta que la famille entière du traître devait

1. Les portes de l'Est et de l'Ouest étaient réservées aux princes et à la noblesse. La porte de l'extrême Est, au passage des fonctionnaires, et celle de l'extrême Ouest aux militaires. Cette affaire rappelle une anecdote que le philosophe légiste Han Fei (280-233 av. J.-C.), qui vécut à la fin de la période des Royaumes combattants, rapporte dans son œuvre (l. II, *Er Bing Pian, Les Deux Manipules*) : « Autrefois le seigneur Zhao, du royaume de Han, s'endormit après s'être enivré. L'officier chargé des bonnets eut peur qu'il ne prît froid, aussi couvrit-il son maître d'un manteau. À son réveil, le seigneur interrogea son entourage : "Qui a pris la peine de me couvrir ? – Le préposé aux bonnets", répondit-on. Le seigneur infligea une punition à ce dernier, mais aussi au préposé aux vêtements. Le premier la méritait parce qu'il avait outrepassé les attributions de sa charge ; le second, parce qu'il avait manqué à son devoir. » (L. B.)

2. Xu Yugong était un loyal fonctionnaire qui s'opposa à plusieurs reprises aux jugements rendus par des juges cruels comme le fameux Lai Junchen de l'affaire 17-B : *Un subalterne diffame Pei Guang.*

être impliquée dans l'affaire. L'empereur décida en conséquence que tous les parents proches ou éloignés du traître seraient arrêtés pour devenir des serviteurs de l'État, et que leurs biens seraient confisqués. Seul Xu Yugong s'y opposa, et dit :

« Selon la loi, un homme qui fomente une rébellion ou qui s'allie avec l'ennemi doit être condamné à mort. Or un homme décédé ne peut plus être exécuté. Si les circonstances actuelles de cette affaire n'ont pas permis de procéder à temps à la décapitation, l'empereur peut néanmoins donner l'ordre que l'on tranche la tête du traître défunt. Quant à la famille de ce dernier, elle est impliquée parce que le coupable devait subir la peine capitale. Or comment peut-on parler d'implication, si l'exécution n'a pas eu lieu ? Puisque l'homme qui aurait pu impliquer sa famille est mort, le châtiment de celle-ci doit être allégé, et dans ce cas un exil limité dans le temps suffirait. Cependant nous avons déjà traité des affaires similaires où la clémence de l'empereur l'emporte souvent, et où la famille est généralement pardonnée. J'ignore en vertu de quel article du Code le juge a pu décider de réduire toutes ces personnes au statut de serviteurs de l'État et de leur confisquer tous leurs biens. »

L'empereur suivit le conseil de Xu Yugong, et plusieurs centaines de personnes purent ainsi échapper à la servitude.

63.

A. Un officier du tribunal remet en cause l'attribution d'un héritage

Le lettré Shen Kuo de la dynastie des Song du Nord dit : « À Jing Zhou, un voleur avait exterminé une famille entière. Le père et la mère moururent sur le coup, mais leur fils succomba seulement le lendemain de l'agression. Les autorités de la préfecture attribuèrent tous les biens des défunts parents à la fille qui était déjà mariée, comme le prévoyait la loi dans le cas où l'héritier direct périssait. Un officier du tribunal s'opposa à cette attribution, et dit : « Au moment des faits, le fils était encore vivant. C'est à lui que doit revenir l'héritage, et non à ses sœurs[1]. »

B. Le Vice-ministre[2] épargne l'exil à une mère de famille

Sous le règne de l'empereur Wen, de la dynastie des Liu Song, la loi imposait le service militaire obligatoire à la famille de l'auteur d'un vol commis avec violence. Les membres concernés étaient ceux qui étaient liés au coupable à un degré impliquant

---

1. Voir aussi l'affaire 59-A : *Un officier refuse de condamner la femme d'un meurtrier.*

2. He Chengtian (370-447) était un fonctionnaire cultivé qui, sous la dynastie des Jin de l'Est (317-420), devint inspecteur de l'armée sous le commandement de Liu Yu. Quand celui-ci eut assassiné le dernier empereur des Jin et monta sur le trône pour fonder la dynastie des Liu Song et devenir l'empereur Wu (420-422), il offrit à He Chengtian le poste de censeur exécutif et prit l'habitude de le consulter en cas d'affaire judiciaire importante.

une année entière de deuil. Dans la ville de Yu Hang, un nommé Bo Daoji avait volé et agressé sa victime. Il fut arrêté. Deux de ses plus proches cousins paternels, qui étaient liés au coupable à un degré impliquant seulement neuf mois de deuil, attendaient de passer en jugement. Cependant, lors du procès, quelqu'un signala que la mère des deux cousins était toujours en vie, et que son lien au voleur impliquait une année entière de deuil. Ses deux fils devaient donc partir avec elle au service militaire obligatoire.

Le vice-ministre He Chengtian dit : « Une femme est soumise à trois formes de dépendance. Quand elle est enfant, elle dépend de son père ; quand elle est mariée, elle dépend de son époux ; enfin, lorsqu'elle devient veuve, elle dépend de son fils. Quand Bo Daoji a commis son vol, son oncle paternel était déjà mort ; c'est pourquoi les deux cousins ne peuvent être impliqués dans cette affaire. Or il serait contradictoire de condamner la mère au service militaire, car, dans ce cas, elle devrait emmener ses fils avec elle, alors que ces derniers en ont été dispensés. De plus, cette condamnation s'opposerait au principe des trois formes de dépendance que je viens de citer. »

Il fut décidé que la mère et ses deux fils seraient graciés[1].

1. Voir aussi l'affaire 72-A : *He Chengtian et la flèche d'un chasseur.*

64.

A. Un officier trouve une tête bien emmitouflée

Sous la dynastie des Han postérieurs*, un marchand partit un jour en voyage d'affaires. À son retour, il découvrit le corps gisant de sa femme : elle avait été décapitée par un inconnu, et sa tête avait disparu. Les parents de l'épouse se saisirent de leur gendre, l'accusèrent d'être le meurtrier de leur fille et l'emmenèrent au tribunal. Il ne supporta pas l'interrogatoire sous la torture, et avoua le crime qu'il n'avait pas commis. Quand l'instruction fut terminée, le préfet confia l'affaire à l'un de ses assistants. Ce dernier mit en doute l'authenticité des aveux, et demanda l'ajournement du procès. Puis il ordonna à tous les contrôleurs des décès du district de lui communiquer la liste des familles pour lesquelles ils avaient récemment organisé un enterrement. L'un des contrôleurs vint transmettre son rapport et dit :

« Il y a peu de temps, j'ai organisé les funérailles d'une riche famille. On m'a simplement déclaré que la nourrice était décédée. Au début de la cinquième nuit de veille, nous avons transporté le cercueil dehors ; il paraissait aussi léger que s'il n'y avait rien eu à l'intérieur. Il a été mis en terre à tel endroit. »

Ordre fut donné d'exhumer le cercueil et de l'ouvrir. À l'intérieur se trouvait seulement la tête tranchée d'une femme. Avant de réunir le corps décapité à la tête provenant du cercueil, on demanda au marchand d'identifier le visage. « Ce n'est pas ma femme ! » déclara-t-il.

Cet homme riche fut alors arrêté et interrogé. Il reconnut qu'il avait tué et décapité la nourrice. C'est la tête de cette femme qu'il avait emmitouflée et placée dans le cercueil. Quant au reste du corps, il l'avait déposé dans la demeure du marchand. La femme de ce dernier était devenue la maîtresse de l'homme riche pendant l'absence de son mari.

Le meurtrier de la nourrice fut exécuté sur la place publique.

VARIANTE DE L'AFFAIRE DE LA TÊTE EMMITOUFLÉE

« Il y a peu de temps, j'ai entendu parler de cette affaire : à Tai Ping Zhou, une femme mariée partit en promenade avec le plus jeune frère de son mari. Ils furent surpris par une averse, et se réfugièrent dans un temple abandonné. Là, ils rencontrèrent les comédiens d'une troupe de théâtre qui leur offrirent à boire. Le jeune frère s'enivra et tomba dans un profond sommeil. Quand il se réveilla dans la nuit, la troupe avait déjà quitté les lieux. Dans le temple il ne restait que le corps décapité de sa belle-sœur. Il hurla de peur et de désespoir ; puis il fut arrêté et conduit au tribunal. Incapable d'endurer l'interrogatoire sous la torture, il reconnut être l'auteur du crime. Il avait voulu, raconta-t-il, violer sa belle-sœur, et, comme elle lui résistait, il avait fini par la tuer. Il avait jeté dans la rivière la tête et l'arme qui lui avait servi à la trancher. Le jeune frère fut ainsi condamné à la peine capitale. Un peu plus tard, le mari de la défunte partit à Lu Ling et reconnut sa femme parmi des comédiens qui étaient en train de donner une représentation. Toute la troupe prit la fuite, mais on put les rattraper pour les interroger au tribunal. L'un des comédiens de la troupe était tombé amoureux de la jeune femme quand elle était entrée dans le temple avec son beau-frère pour s'abriter de la pluie. Il avait décapité sa compagne d'alors et revêtu son corps des vêtements de sa nouvelle conquête. Ainsi put être réparé le tort subi par le jeune frère. »

B. Zhang Yong[1] et le turban du faux moine

Sous la dynastie des Song du Nord, à l'époque où Zhang Yong, le président du ministère du Travail, était préfet de Jiang Ning, un moine bouddhiste qui avait été conduit au tribunal montra un certificat pour prouver qu'il était un véritable moine. Zhang Yong se pencha vers lui, et l'examina pendant un long moment. Puis il prit la décision de le remettre entre les mains de l'inspection de la police et de l'inculper pour meurtre. Toutefois, les officiers de la préfecture ne comprenaient pas pourquoi Zhang Yong avait retenu ce chef d'accusation contre le moine. Le préfet convoqua le détenu une nouvelle fois, et lui demanda :

« Quand avez-vous été ordonné moine ?

– Il y a sept ans de cela.

– Pourquoi dans ce cas portez-vous encore sur le front les marques d'un turban ? »

Le moine, confus, passa aux aveux. Il avait voyagé avec un moine qu'il avait assassiné en chemin. Il lui avait pris son certificat de moine délivré par le ministère des Rites, s'était rasé le crâne et fait passer pour l'homme qu'il venait de tuer.

1. Zhang Yong (946-1015) fut réputé pour sa sévérité. On raconte qu'il fit décapiter un officier qui venait de sortir de la salle des trésors seulement parce qu'une pièce de monnaie s'était prise dans sa chevelure. Néanmoins, les jugements de Zhang Yong étaient si brillants que, de son vivant, les fonctionnaires se les racontaient entre eux. Il occupa le poste de préfet dans plusieurs endroits, puis de hautes fonctions, comme celle de censeur à la capitale. Il reçut le titre posthume de duc Zhong Ding *(Loyal-jugement)*.

65.

A. Su Wuming fait ouvrir une tombe

Sous la dynastie des Tang, l'impératrice Wu Zetian[1] fit présent à la princesse Tai Ping d'un ensemble d'épingles et de peignes en or ainsi que d'autres biens précieux. Au bout d'un an, les cadeaux furent volés. Quand elle l'apprit, l'impératrice entra dans une violente colère. L'administrateur en chef de Luo Yang et ses subalternes étaient impatients de retrouver le voleur. Les officiers de police cherchèrent partout un indice, mais en vain. Sur leur route, ils rencontrèrent Su Wuming, le vice-gouverneur de Hu Zhou, qui voyageait incognito. Ils l'arrêtèrent en tant que suspect. Su Wuming demanda à être emmené au tribunal. Les officiers informèrent alors le préfet qu'ils avaient arrêté un voleur. Quand le chef de la police demanda au suspect de décliner son identité, ce dernier dit : « Je suis le vice-gouverneur de Hu Zhou. »

« Comment des subalternes ont-ils osé vous insulter ainsi ! s'écria le chef de la police.

– Il ne faut pas leur en vouloir, répliqua Su Wuming. J'ai occupé des fonctions très diverses depuis le début de ma carrière, et déjoué plus d'un complot secret. J'ai acquis une certaine notoriété dans le domaine des affaires criminelles. C'est pourquoi je sors incognito et, lorsque vos officiers m'ont aperçu, ils m'ont pris pour un malfaiteur qui tentait de s'enfuir en catimini. »

1. L'impératrice Wu Zetian (684-705), des Tang (618-907).

Su Wuming sollicita un entretien avec l'administrateur en chef et le chargea de transmettre au trône son espoir d'arrêter le voleur des cadeaux en moins de dix jours. L'impératrice accéda à son souhait, et le vice-gouverneur se vit confier l'affaire. Su Wuming chargea les officiers de surveiller la porte nord-ouest de la capitale ; dès lors qu'ils verraient un groupe de dix Turcs en habit de deuil passer par la porte pour se rendre dans les montagnes au nord de la ville, ils devraient les suivre et lui rapporter leurs faits et gestes. Les subalternes virent en effet passer un groupe de Turcs qui se dirigeaient vers le tertre d'une tombe neuve pour y porter leurs offrandes. Ils pleuraient, mais ne semblaient pas accablés de chagrin. Quand ils eurent terminé de se recueillir, ils se regroupèrent derrière la tombe, puis ils se regardèrent et éclatèrent de rire. Les officiers firent immédiatement leur rapport à Su Wuming, qui fit procéder à l'arrestation des Turcs et à l'ouverture du cercueil. À l'intérieur, on retrouva tous les cadeaux que la princesse avait reçus de l'impératrice. Cette dernière demanda à Su Wuming comment il était parvenu à repérer les voleurs.

« Le jour, répondit le vice-gouverneur, où votre serviteur s'est rendu à la capitale, j'ai aperçu ces Turcs qui s'en allaient mettre en terre un cercueil. Je les identifiai à des voleurs, mais ne les fis pas arrêter, car je ne savais pas encore où ils avaient choisi d'enterrer leur butin. J'avais deviné qu'ils reviendraient le jour de la fête des morts[1], c'est-à-dire aujourd'hui. Je les ai fait suivre pour apprendre où ils avaient placé leur cercueil. Quand ils ont pleuré, mais sans éprouver de chagrin, j'en ai déduit qu'ils n'enterraient pas quelqu'un ; puis, quand ils se sont mis à rire, j'en ai déduit qu'ils se réjouissaient d'avoir retrouvé leur butin intact. »

1. Le 5 avril, lors de la troisième lune, cent cinq jours après le solstice d'hiver, avait lieu la fête des morts, *Qing Ming*. Deux jours avant, on éteignait tous les foyers pour s'abstenir de nourriture chaude et ne manger que des mets froids ; ce rite se nommait *Han Shi*. Le troisième jour, on rallumait le feu de tous les foyers : prenait alors place la fête de la « pure clarté » proprement dite, *Qing Ming*. On se rendait aussi, ce jour-là, sur les tombes pour les balayer, les nettoyer et y déposer des offrandes de papier-monnaie, d'encens. Les familles ensuite pique-niquaient avec les offrandes de nourriture qu'elles avaient apportées. (L. B.)

L'impératrice loua la perspicacité de Su Wuming, et l'éleva au second rang de la cour.

B. Dong Xingcheng crie après un voleur d'âne

Sous la dynastie des Tang, Dong Xingcheng, du district de Huai Zhou, excellait à suivre la trace des malfaiteurs. Un homme qui venait de Chang Tian vola un âne qui appartenait à un voyageur, ainsi que le sac où il transportait ses habits. Le voleur arriva tôt le matin à Huai Zhou, et Dong Xingcheng remarqua la présence du nouveau venu sur la place du marché. « Tu es un voleur ! » lui cria-t-il. L'homme fut arrêté, et reconnut son forfait.

Quelqu'un demanda à Dong Xingcheng comment il était parvenu à identifier l'inconnu à un voleur.

« L'âne était couvert de sueur, expliqua-t-il, comme s'il avait couru longtemps. Puis dès qu'un passant s'approchait de l'animal, l'homme tentait de le dissimuler, comme s'il craignait quelque chose. C'est à partir de ces indices que j'ai su qu'il avait volé l'âne. »

Peu après, quand le voleur eut été jeté en prison, le propriétaire de l'âne se présenta pour récupérer son bien, et il fut prouvé que Dong Xingcheng avait eu parfaitement raison.

66.

A. Wang Zeng[1] conseille de consulter le registre des taxes

Sous la dynastie des Song du Nord, à l'époque où Wang Zeng était encore jeune, il rendit un jour visite aux officiers d'une préfecture. On lui exposa alors une affaire qui semblait insoluble. Deux familles se disputaient un bout de terrain, mais il ne restait aucune trace des limites de ce terrain ni de l'acte de vente.

« Si vous consultez le registre des taxes qui ont été payées pour ce terrain, vous serez en mesure de juger à qui il appartient. »

Les officiers chargés de l'affaire suivirent son conseil et attribuèrent le terrain aux véritables propriétaires.

B. Le Maître des Travaux[2] interprète un testament

Sous la dynastie des Han de l'Ouest, un homme de la commanderie de Bei possédait des biens dont la valeur était estimée à plus de deux cent mille unités. Sa femme était morte

1. Wang Zeng (978-1038) était un lettré de talent et un poète. Après avoir été nommé vice-gouverneur de Ji Zhou, il fut promu secrétaire exécutif de la chancellerie, et anobli avec le titre de duc Yi. Puis il tomba en disgrâce et termina sa carrière préfet de province.

2. He Wu fut préfet de Yang Zhou avant d'être promu Maître des Travaux. Sous le règne de l'empereur Ai (7-1 av. J.-C.) il subit les calomnies de Wang Mang, l'usurpateur qui fonda la très courte dynastie des Xin (9-23 ap. J.-C.), et se suicida.

alors que leur fils unique avait seulement trois ans ; il lui restait aussi une fille qui s'était mariée et qui était devenue une méchante femme. Quand il sentit que la maladie allait l'emporter, il réunit autour de lui les membres de sa famille et légua par testament tous ses biens à sa fille. À son fils, il donna seulement une épée, et dit : « Quand il aura quinze ans, il faudra lui remettre cette épée. »

Après la mort du père, et bien que le fils ait atteint ses quinze ans, sa sœur refusa de lui transmettre l'épée, et le fils partit porter plainte auprès du Grand Administrateur. He Wu, qui était à l'époque Grand Maître des Travaux, examina le testament, puis il se tourna vers ses assistants, et leur dit :

« La fille du défunt est une femme agressive et autoritaire, tandis que son époux n'est qu'un être cupide et faible d'esprit. Si le père avait décidé de léguer tous ses biens à la sœur, c'est parce qu'il craignait qu'elle ne s'en prenne à son jeune frère dans le cas où il l'aurait désigné comme le seul héritier. En réalité, il ne souhaitait pas que son héritage revienne à sa fille définitivement, et ses paroles au sujet de l'épée doivent être interprétées en ce sens. Il se doutait que lorsque son fils aurait atteint l'âge de quinze ans, il serait devenu suffisamment mûr pour prendre de lui-même la décision d'intenter un procès afin que tôt ou tard un magistrat saisisse les véritables intentions du père et rende justice au fils. Tout avait été calculé d'avance ! »

L'héritage revint ainsi au fils[1].

---

1. Cette affaire devint le thème majeur du premier roman qu'écrivit Robert Van Gulik, en 1950, *The Chinese Maze Murders*. Il fut traduit en japonais la même année, puis en chinois par l'auteur en 1953 ; en néerlandais en 1956 et, enfin, en français en 1985 ; cf. *Le Mystère du labyrinthe*, Paris, Christian Bourgois (L.B.).

67.

A. Wei Gao[1] enquête sur une fortune inexpliquée

Sous la dynastie des Tang, à l'époque où Wei Gao était commandant de garnison à Jian Nan, un riche marchand passa la nuit dans une auberge. Il se sentit malade, et l'aubergiste en profita pour l'empoisonner et lui dérober tout son argent. Wei Gao entendit alors parler de ce tenancier qui avait soudain fait fortune. Peu après, un autre marchand du Nord se rendit dans cette province pour affaires. Il s'arrêta dans la même auberge, tomba lui aussi malade, et mourut. Wei Gao l'apprit, et vint sur les lieux pour examiner les livres de comptes du défunt marchand. Or l'aubergiste avait déjà falsifié les sommes qui y avaient été inscrites, afin que personne ne puisse le soupçonner d'avoir volé son client. Wei Gao mena une enquête approfondie au sujet de cette affaire et interrogea en secret les habitants du quartier. La plupart des témoignages se contredisaient. Aussi se rendit-il à l'auberge pour entendre le personnel, et ne tarda pas à découvrir la vérité. Il s'aperçut aussi que plusieurs milliers d'unités avaient été versées en liquide comme pots-de-vin à plus de vingt petits officiers. Tous furent condamnés à mort. Dès lors, plus aucun meurtre de voyageur ne fut commis à Jian Nan.

1. Wei Gao (746-806) fut un célèbre général qui réussit à contrer l'attaque des Tibétains en 801. Ces derniers passaient alors pour des pillards et raflaient les chevaux des haras impériaux. Ils s'installèrent dans les villes du Gan Su entre 770 et 850 environ.

B. Zhao He et le terrain hypothéqué

Sous la dynastie des Tang, au début du règne de l'empereur Yi Zong[1] et à l'époque où Zhao He était magistrat de Jiang Yin, deux fermiers de Huai Yin possédaient des terrains qui se touchaient. Le fermier du côté est décida d'hypothéquer pour un million d'unités les titres de propriété de son terrain, qu'il céda à son voisin de l'ouest pour une période de douze mois. Une fois l'année écoulée, le fermier de l'est versa un premier acompte de huit mille unités à son voisin, et il fut convenu qu'il paierait le reste le lendemain afin de récupérer ses titres de propriété. Le voisin de l'est fit confiance au fermier de l'ouest, et ne coucha pas par écrit leur accord. Or, quand il revint le lendemain pour s'acquitter de sa dette, le fermier de l'ouest prétendit qu'il n'avait jamais été question de cela entre eux ; non seulement il garda les titres de propriété, mais ne rendit pas les huit mille unités. Comme il n'existait ni preuve ni accord écrit, les autorités furent incapables de rendre justice au fermier de l'est. Ce dernier décida de traverser la rivière qui séparait Huai Yin de Jiang Yin pour porter plainte devant Zhao He.

« Ma circonscription est bien plus petite que celle dont vous dépendez, et je ne peux, de surcroît, juger une affaire qui ne relève pas de mon district. Comment pourrais-je donc vous aider ? dit Zhao He.

– Si vous, vous refusez de me défendre, alors personne d'autre ne s'en chargera, et j'aurai perdu tout espoir de retrouver mon terrain ! » gémit le fermier.

Le magistrat finit par accepter, et mit en place le stratagème suivant : il convoqua plusieurs de ses hommes et leur donna l'ordre de se rendre chez le magistrat de Huai Yin pour lui remettre une lettre officielle qui disait ceci : « Récemment, nous avons eu affaire à des pirates sur la rivière. Les coupables ont été arrêtés depuis. Ils nous ont donné la description de leurs complices, et l'un d'eux habite dans votre district ; il s'agit du

1. L'empereur Yi Zong (859-873) de la dynastie des Tang (618-907).

fermier de l'ouest. Pouvez-vous l'enchaîner et le faire amener à mon tribunal ? »

Le fermier de l'ouest fut ainsi conduit devant Zhao He, qui lui demanda avec colère :

« Pourquoi t'es-tu livré à des actes de piraterie sur la rivière ?

– Je ne suis qu'un simple fermier qui ne sait même pas se servir d'une rame ! répondit l'accusé en pleurant.

– Donne-moi alors la liste des biens qui se trouvent chez toi, dit Zhao He, et nous verrons si tu n'y caches pas de l'or, des objets de valeur, des soies ou des brocarts qui n'auraient rien à faire dans la maison d'un fermier ! »

L'accusé entrevit une lueur d'espoir et énuméra ses biens :

« J'ai telle quantité de grains, telle quantité de main-d'œuvre, telle quantité de pièces de soie qui ont été tissées sur mes propres métiers et telle quantité d'argent liquide que j'ai reçu du terrain que mon voisin a hypothéqué.

– Tu n'as pas l'air, en effet, d'un pirate. Mais pourquoi gardes-tu les huit mille unités en liquide que ton voisin t'a versées pour récupérer ses titres de propriété ? »

Sur ces paroles, Zhao He convoqua l'autre fermier et confronta le témoignage des deux hommes. Le coupable fut renvoyé à Huai Yin, où il fut jugé.

Il reçut le châtiment qu'il méritait.

68.

A. Liu Qing[1] affiche une lettre anonyme

Sous la dynastie des Zhou du Nord, à l'époque où Liu Qing était vice-gouverneur de Tong Zhou, un Turc fut agressé et volé. Les autorités locales ouvrirent une enquête, seulement personne ne savait en quels lieux rechercher le criminel. Aussi procédèrent-ils à l'arrestation de plusieurs personnes qui habitaient dans le voisinage de la victime. Le vice-gouverneur annonça de son côté qu'il tenterait de faire sortir le criminel de sa cachette par le stratagème suivant : il rédigea une lettre anonyme qu'il fit afficher sur la porte de tous les bâtiments publics. Le texte disait ceci :

« Avec l'aide de mes complices, j'ai volé un Turc. De nombreuses personnes sont impliquées dans cette affaire, c'est pourquoi je crains que la vérité n'éclate tôt ou tard. Je souhaite donc me livrer de moi-même aux autorités, mais j'ai peur d'être condamné à la peine capitale. Si la peine de mort est commuée dans le cas où un criminel se rend, j'accepte de me présenter au tribunal. »

Le vice-gouverneur placarda ensuite un avis qui promettait la clémence des juges. Deux jours plus tard, un serviteur du prince

1. Liu Qing était un fonctionnaire intègre qui avait la réputation d'être un grand amateur de vin. Favori de l'empereur Wen (535-551) de la dynastie des Wei (535-556), dont il rédigea la majeure partie des discours, il fut aussi nommé sous le règne de l'empereur Ming (557-560) de la dynastie des Zhou du Nord (557-581) à divers postes. Il se distingua par sa clairvoyance en matière d'affaires judiciaires.

de Guang Ling vint se placer près de l'avis, la tête cachée, et se rendit. Ses nombreux complices furent aussi arrêtés.

B. Chen Biao[1] fête un prisonnier

Sous la dynastie des Wu, à l'époque où Chen Biao avait été promu commandant à la demande de son père qui était mort en combattant l'ennemi, de nombreuses personnes volaient dans les caisses de l'État ; mais un seul individu, nommé Shi Ming, fut appréhendé. Quand on l'interrogea sous la torture, il s'était déjà résolu à mourir et ne prononça pas un seul mot pour se défendre. Le magistrat douta de l'authenticité de ses aveux et transmit cette affaire à l'empereur Sun Quan[2]. Ce dernier connaissant la popularité de Chen Biao auprès de ses soldats lui confia la suite de l'enquête. Le jeune commandant commença par retirer les chaînes du prisonnier, lui offrit du vin et un dîner, il lui fit aussi prendre un bain afin que le détenu se sente de bonne humeur. Shi Ming accepta alors de parler, et dénonça tous ses complices. L'empereur fut ravi. Afin d'accroître sa renommée, Chen Biao accorda un traitement de faveur à Shi Ming et le relâcha. En revanche, tous ses complices furent exécutés. Shi Ming corrigea entièrement sa conduite, et devint plus tard général.

1. Chen Biao et son frère aîné, Chen Wu, servirent dans l'armée sous le règne de l'empereur Sun Quan. Chen Biao était particulièrement aimé par ses hommes de troupe, car il se souciait de leur bien-être avant tout. Il mourut prématurément à l'âge de trente-quatre ans, et laissa sa femme et ses enfants sans ressources, car il avait consacré toute sa fortune à l'entraînement et à l'entretien de ses soldats.

2. L'empereur Sun Quan (181-252).

69.

A. Zhu Shouchang[1] et l'homme soudoyé

Sous la dynastie des Song du Nord, à l'époque où Zhu Shouchang était préfet de Gen Zhou, Yong Ziliang, qui appartenait à un clan très important, tua quelqu'un. En échange d'une compensation financière, il parvint à convaincre un homme de son village de se rendre aux autorités à sa place. Quand l'instruction fut terminée, Zhu Shouchang douta de la culpabilité du prévenu et l'interrogea en privé ; mais ce dernier ne modifia pas sa déclaration. Zhu Shouchang lui dit : « J'ai entendu dire que Yong Ziliang t'a offert 100 000 unités en liquide et a promis que son fils épouserait ta fille, et que sa fille épouserait ton fils. N'est-ce pas la vérité ? »

Le détenu montra quelques signes d'émotion, et Zhu Shouchang continua de lui parler :

« Après ton exécution, Yong Ziliang compte faire de ta fille son esclave, et il déclarera que la somme qu'il t'a offerte correspond au prix de son achat. Quant à sa propre fille, il la donnera en mariage à quelqu'un, mais certainement pas à ton fils ! Comment sauveras-tu tes enfants alors ? »

1. Zhu Shouchang (1031-1103) commença sa carrière en tant que magistrat et exerça cette fonction dans plusieurs districts, toujours avec bienveillance et efficacité. Nommé ensuite préfet de Gen Zhou, il fut promu à la capitale et travailla à la Direction de l'agriculture. Il reçut le titre de mandarin du cinquième ordre : *Feng Zheng Da Fu,* Excellence dont la gestion impose le respect.

Le détenu éclata en sanglots et, pour la première fois, raconta toute la vérité. Yong Ziliang fut exécuté.

B. Gong Xun[1] et les quatre boucs émissaires

Sous la dynastie des Tang postérieurs[2], à l'époque où Gong Xun était responsable des affaires de l'administration militaire de Yi Men, près de Kai Feng, quatre grands bandits avaient amassé une fortune considérable. Mais, un jour, leurs procédés furent découverts et ils envoyèrent quatre pauvres boucs émissaires se faire arrêter à leur place. Un nommé Han, commandant en second de l'armée du Centre et gendre du général Guo Chungtao, fabriqua de faux aveux avec la complicité de la cour de justice et des gardiens de prison. Les quatre prévenus ne subirent aucun interrogatoire sous la torture, mais leurs prétendus aveux furent communiqués aux plus hautes autorités, qui décidèrent de les faire exécuter sur la place publique. Gong Xun révisa personnellement ce procès. Il interrogea les prévenus sans succès, aucun d'eux n'ouvrant la bouche pour se défendre. Or, quand on les conduisit devant le peloton, ils ne cessèrent de tourner leur tête dans un sens puis dans l'autre. Gong Xun remarqua leurs gesticulations, et les trouva étranges. Aussi les rappela-t-il pour les interroger de nouveau. Ils déclarèrent leur innocence et ajoutèrent que le geôlier, lors du précédent interrogatoire, leur avait serré la cangue autour du cou de manière qu'ils soient incapables d'articuler une seule parole. Gong Xun transmit aussitôt cette affaire à la préfecture pour qu'une nouvelle enquête soit ouverte. Il s'avéra que Han et un grand nombre d'autres personnes avaient perçu des pots-de-vin, qui s'élevaient à sept mille unités.

Tous furent condamnés à mort.

---

1. Gong Xun était un fonctionnaire qui obtint les faveurs de l'empereur Tai Zu (907-914), de la dynastie des Liang postérieurs. Il changea souvent de nom et de protecteur.

2. 923-936, capitale à Luo Yang, dans la province du He Nan.

70.

A. Liu Chonggui[1] fait identifier un couteau

Sous la dynastie des Tang, à l'époque où Liu Chonggui était commandant de garnison à Nan Hai, dans la province du Guang Dong, vivait un beau jeune homme qui était le fils d'un riche marchand. Un jour, alors que le bateau sur lequel il devait voyager sur la rivière était encore amarré, il vit une splendide jeune fille qui se tenait à la porte d'une grande demeure ; elle ne semblait nullement effarouchée par le regard des passants qui l'observaient. Le jeune homme commença à lui faire la cour, et lui dit : « Je viendrai vous voir après le coucher du soleil. »

La jeune fille parut bien disposée et, en effet, à la nuit tombée, elle laissa la porte ouverte et attendit son rendez-vous. Seulement, avant l'arrivée du jeune homme, un voleur le précéda et pénétra dans les lieux. L'obscurité régnait dans la pièce, pas une seule bougie ne brûlait. Il décida de passer à l'acte. Dans le noir, la jeune fille ne put s'apercevoir qu'il s'agissait d'un voleur, et accourut joyeusement vers lui. De son côté, le voleur crut que quelqu'un tentait de l'attraper, et tua la jeune fille d'un coup de couteau. Puis il jeta son arme et prit la fuite. Un instant plus tard, le jeune homme arriva. Il glissa sur du sang, et tomba à la renverse. Il tâtonna, et trouva enfin le corps. D'un bond, il se releva, sortit de

1. Liu Chonggui fut admis docteur au concours officiel des fonctionnaires, en 867, puis il fut nommé au ministère des Rites et au ministère de la Guerre avant d'être promu censeur. Une autre version de cette affaire accompagne sa biographie, où les protagonistes semblent nettement moins nobles : le beau jeune homme est décrit comme un simple marchand, et la jeune fille comme une prostituée.

la demeure et rompit les amarres de son bateau pour s'enfuir. Le lendemain, la famille de la jeune fille repéra les traces de pas imprégnées de sang qui suivaient le long de la berge. Tous les habitants du voisinage affirmèrent qu'ils avaient vu partir de cet endroit un bateau, avec un homme à son bord. Les autorités dépêchèrent leurs officiers, qui se lancèrent à la poursuite de l'embarcation et rattrapèrent le jeune homme. Il fut interrogé sous la torture, et raconta toute la scène ; il nia être l'auteur du meurtre. Liu Chonggui examina l'arme du crime, et vit qu'il s'agissait d'un couteau de boucher. Il donna alors les instructions suivantes : « Tel jour aura lieu un grand concours d'abattage. Que tous les bouchers de la région se rassemblent sur le terrain de jeu[1] et attendent le début des épreuves ! »

Le jour venu, Liu Chonggui s'adressa à l'assemblée des bouchers : « Il se fait tard, et je vous propose de revenir demain matin. Maintenant, laissez vos couteaux et retournez chez vous ! » Liu Chonggui avait alors à portée de main tous les couteaux. Il en remplaça un par celui qui avait servi à tuer la jeune fille.

Le lendemain matin, tous les bouchers vinrent reprendre leur couteau. Seul un boucher ne retrouva pas le sien. On l'interrogea sur le couteau qui restait, et le boucher répondit : « Ce n'est pas le mien, c'est celui d'untel ! »

Liu Chonggui ordonna l'arrestation de l'homme à qui le couteau appartenait, mais ce dernier s'était déjà enfui. Il prétendit alors publiquement avoir fait exécuter le jeune homme.

Le vrai meurtrier, croyant qu'il était désormais hors de danger, retourna chez lui au bout de quelques jours. Il fut arrêté et mis à mort. Quant au jeune homme, on lui infligea la bastonnade, car il était entré la nuit dans une maison qui n'était pas la sienne.

---

1. Robert Van Gulik précise qu'il s'agit d'un terrain de football, et que ce sport, très populaire, fut pratiqué tôt dans l'histoire de Chine. La version chinoise de la balle au pied *(Cu Ju)* consiste à frapper une balle légère, de telle sorte qu'elle ne touche pas le sol. Après avoir connu un grand succès à la cour du Japon pendant l'époque Heian (794-1192), le jeu évolua en Chine sous une forme très proche de la nôtre, avec deux buts tenus par des gardiens (L.B.).

B. Sima Yue[1] mène l'enquête au sujet d'un étui

Sous la dynastie des Wei du Nord, à l'époque où Sima Yue était préfet de Yu Zhou, un nommé Dong Maonu, de Shang Cai, avait été assassiné sur la route alors qu'il voyageait avec cinq mille unités en liquide. Quelqu'un soupçonna un certain Zhang Di d'être l'auteur du crime. On fouilla la maison du présumé coupable, et l'on y retrouva bien l'argent volé. Zhang Di avait si peur d'être torturé qu'il avoua sans délai le meurtre qu'il n'avait pas commis. Le préfet douta qu'il s'agît de la vérité. Il convoqua le frère aîné de Dong Maonu et lui dit : « Assassiner un homme pour lui dérober son argent requiert beaucoup de sang-froid ; il est rare de voir un criminel ne pas céder à la panique et ne pas laisser quelques indices. N'avez-vous rien trouvé de suspect sur les lieux du crime ? »

Le frère répondit : « Nous avons trouvé la gaine d'un couteau. » Et il tendit la pièce à conviction au préfet qui dit, après l'avoir examinée : « Cette gaine ne ressemble pas à celles que l'on vend d'habitude dans les boutiques des environs ! »

Aussi convoqua-t-il tous les couteliers de la préfecture, et leur montra l'étui. L'un d'eux, qui habitait près de la porte de la ville, déclara qu'il l'avait lui-même fabriqué et vendu, il y avait un an, à un homme de la région qui s'appelait Dong Jizu.

Le préfet le fit arrêter. Après avoir été interrogé, le coupable avoua son crime.

1. Sima Yue était un militaire réputé pour ses prouesses et sa perspicacité dans le domaine judiciaire. Il fut nommé préfet de Yu Zhou en 450.

71.

A. Zhang Zu part à la recherche d'une selle

Sous la dynastie des Tang, à l'époque où Zhang Zu était inspecteur de He Yang, un homme voyagea avec son âne ; il l'attacha pour la nuit, mais la bride se cassa, et quelqu'un vola l'âne et la selle qu'il portait sur le dos. Une enquête minutieuse fut ordonnée, et le voleur, pris de panique, relâcha l'âne mais garda la selle.

Zhang Zu donna l'ordre de priver l'animal de toute nourriture et de le laisser partir en pleine nuit. L'âne se mit à la recherche de l'endroit où il avait été nourri la veille, et il suffit à l'inspecteur de le faire suivre. On retrouva la selle de l'âne cachée derrière une botte de paille.

Tout le monde loua la perspicacité de Zhang Zu[1].

B. Yan Jimei[2] repêche un panier

Sous la dynastie des Tang, à l'époque où Yan Jimei était commandant de garnison à Jiang Nan, un batelier fut chargé de transporter un commerçant et sa marchandise. Parmi ses articles,

1. Voir aussi l'affaire 45-A : *Zhang Zu cache une partie d'un faux document.*

2. Yan Jimei fut nommé commandant de la région du Fu Jian, puis de la région du Zhe Jiang à la fin du règne de l'empereur De Zong (779-805). Il termina sa carrière en tant que président du ministère des Travaux.

le marchand avait caché dix lingots d'argent, et le batelier l'avait vu faire sans se montrer. Il déroba les lingots et les laissa couler dans la rivière à l'endroit où il avait attaché ses amarres. Le bateau partit de nuit. Quand ils s'arrêtèrent pour déclarer aux douanes les marchandises qui se trouvaient à bord, le commerçant s'aperçut que ses lingots avaient disparu. Il fit arrêter le batelier, et l'accusa devant le commandant Yan Jimei.

« Les bateliers utilisent toujours le même procédé pour voler les passagers qu'ils embarquent », affirma le commandant. Puis il s'adressa au marchand, et lui demanda :

« Où étiez-vous amarré hier soir ?

– Juste à cent *li* d'ici », répondit le marchand.

Yan Jimei donna l'ordre à quelques soldats de se rendre sur les lieux avec le marchand et de draguer le fond de l'eau. Ils remontèrent à la surface un panier qui contenait bien tous les lingots d'argent. Le cachet qui les liait était encore intact.

Le batelier avoua son forfait.

72.

A. He Chengtian et la flèche d'un chasseur

Sous la dynastie des Liu Song, à l'époque où Liu Yi[1] était commandant de garnison à Gu Shu, il partit un jour en excursion. Un officier du tribunal de Yan Ling, qui s'appelait Chen Man, chassait alors les oiseaux ; accidentellement il toucha Liu Yi avec l'une de ses flèches. Ce dernier ne fut pas blessé, mais Chen Man fut malgré tout condamné à mort. Lors de la réunion du Conseil, He Chengtian dit :

« On ne peut juger une affaire criminelle sans tenir compte des circonstances. En cas de doute, il vaut mieux se montrer bienveillant. Sous la dynastie des Han de l'Ouest, un homme effraya les chevaux du char de l'empereur Wen[2] et fut jugé pour avoir entravé la course de Sa Majesté. Comme il paraissait manifeste qu'il ne l'avait pas fait exprès, il fut simplement condamné à payer une amende. Le châtiment infligé au coupable ne se mesura pas en fonction du rang de la personne lésée, quand bien même celle-ci se trouvait être le plus haut personnage de l'empire. Dans le cas qui nous occupe, Chen Man se consacrait à la chasse et n'avait nullement l'intention de blesser quelqu'un. La loi prévoit trois ans de travaux forcés pour celui qui blesse autrui involontairement.

---

1. Liu Yi était général, et il se battit tout d'abord aux côtés de Liu Yu, qui finit par assassiner le dernier empereur des Jin et monter sur le trône pour fonder la dynastie des Liu Song. Mais, en chemin, le général se retourna contre le futur empereur, qui le battit.

2. L'empereur Wen (180-175 av. J.-C.).

Or la flèche de Chen Man n'a même pas effleuré le commandant ! Une amende, dans ce cas, fera l'affaire[1]. »

B. Gao Rou et l'affaire du braconnage

Sous la dynastie des Wei, à l'époque où Gao Rou était commandant de justice, les lois qui réglementaient la chasse étaient extrêmement sévères. Liu Gui, l'inspecteur de l'agriculture, avait posé des pièges sur un territoire tout en ignorant qu'il s'agissait du domaine impérial. Un jour, il attrapa un lièvre. Le conseiller du Personnel impérial se rendit chez Liu Gui, vit le lièvre et dénonça le chasseur. L'empereur, sans divulguer le nom du dénonciateur, fit arrêter Liu Gui et le déféra à la justice.

Gao Rou transmit une requête au trône : il désirait connaître le nom du dénonciateur. L'empereur se mit en colère : « Liu Gui doit être condamné à mort. À quoi bon me demander qui l'a dénoncé ? »

De son côté, Gao Rou dit : « Votre commandant de justice doit veiller à préserver la paix de l'empire. Comment pouvez-vous l'accuser de se jouer des lois sous vos propres yeux ? »

Gao Rou réitéra sa requête, et l'empereur, se rendant compte de son erreur, accepta de dévoiler l'identité du dénonciateur.

Le conseiller du Personnel impérial et le commandant de justice reçurent tous deux un juste châtiment[2].

1. Voir aussi l'affaire 63-B : *Le vice-ministre épargne l'exil à une mère de famille.*
2. Voir aussi l'affaire 32-B : *Gao Rou observe la contenance d'un criminel.*

Ordre chronologique des 144 affaires

Période des Printemps et Automnes (*Chun Qiu*, 722-481 av. J.-C.) : 16-A.

Période des Royaumes combattants (*Zhan Guo*, 403-222 av. J.-C.) : 12-B.

Dynastie des Han de l'Ouest (*Xi Han*, 206 av. J.-C. - 8 ap. J.-C.) : 3-B, 4-B, 25-B, 35-B, 43-A, 61-B.

Dynastie des Han de l'Est (*Dong Han*, 25-220 ap. J.-C.) : 16-B, 41-A, 46-B, 66-B.

Dynastie des Wei (*Wei Chao*, 220-265) : 32-A, 32-B, 49-B, 72-B.

Dynastie des Wu (*Wu Chao*, 222-280) : 18-B, 57-A, 60-A, 68-B.

Dynastie des Jin de l'Ouest (*Xi Jin*, 265-316) : 2-A.

Dynastie des Jin de l'Est (*Dong Jin*, 317-420) : 42-A.

Dynastie des Qin antérieurs (*Qian Qin*, 351-394) : 29-A, 43-B.

Dynastie des Wei du Nord (*Hou Wei*, 386-534) : 4-A, 9-B, 26-B, 27-A, 70-B.

Dynastie des Liu Song (420-479) : 18-A, 26-A, 47-B, 61-A, 63-B, 72-A.

Dynastie des Liang du Sud (*Nan Liang*, 502-557) : 51-B.

Dynastie des Qi du Sud (*Nan Qi*, 479-502) : 58-B.

Dynastie des Qi du Nord (*Bei Qi*, 550-577) : 13-A, 19-A, 19-B, 22-B.

Dynastie des Zhou du Nord (*Bei Zhou*, 557-581) : 13-B, 51-A, 68-A.

Dynastie des Tang (618-907) : 2-B, 8-B, 14-A, 17-A, 17-B, 20-A, 20-B, 22-A, 24-A, 33-A, 33-B, 35-A, 37-A, 37-B, 38-A, 42-B, 45-A, 49-A, 54-A, 54-B, 57-B, 60-B, 62-A, 62-B, 65-A, 65-B, 67-A, 67-B, 70-A, 71-A, 71-B.

Dynastie des Shu antérieurs (*Qian Shu*, 907-925) : 30-A, 44-B.
Dynastie des Tang postérieurs (*Hou Tang*, 923-936) : 69-B.
Dynastie des Tang du Sud (*Nan Tang*, 937-975) : 44-A.
Dynastie des Zhou postérieurs (*Hou Zhou*, 951-960) : 30-B, 53-B.
Dynastie des Jin postérieurs (*Hou Jin*, 936-946) : 14-B, 24-B, 55-A.
Dynastie des Han postérieurs (*Hou Han,* 947-950) : 9-A, 64-A.
Dynastie des Song du Nord (*Bei Song*, 960-1127) : 1-A, 1-B, 3-A, 5-A, 5-B, 6-A, 6-B, 7-A, 7-B, 8-A, 10-A, 10-B, 11-A, 11-B, 12-A, 15-A, 15-B, 21-A, 21-B, 23-A, 23-B, 25-A, 27-B, 28-A, 28-B, 29-B, 31-A, 31-B, 34-A, 34-B, 36-A, 36-B, 38-B, 39-A, 39-B, 40-A, 40-B, 41-B, 45-B, 46-A, 47-A, 48-A, 48-B, 50-A, 50-B, 52-A, 52-B, 53-A, 55-B, 56-A, 56-B, 58-A, 59-A, 63-A, 64-B, 66-A, 69-A.

Lexique des termes chinois

Chao Yi Da Fu : Excellence considérée à la cour.

Da Ni : crime odieux ; crime de lèse-majesté.
Di Renjie : le juge Ti (630-700).

Fa : loi.
Fei Shi : pierre couleur de poumon.
Feishi shao bu yuan zhe ren. Jilin duo ye ku zhe gui : « Sur la pierre couleur de poumon, peu s'asseoient sans avoir subi un tort ; sous le jujubier, de nombreux fantômes hurlent la nuit. »
Fumu Guan : père et mère officiels ; le magistrat.

Gu : erreur préméditée.

Huai : acacia sophora.

Ji : jujubier.
Jia : la cangue.
Jia Shi : pierre dite « belle », sur laquelle devaient s'asseoir les coupables.
Ji Si ou *Ji Yuan* : cour de jujubiers, tribunal, Cour suprême de la capitale.

Jing Tang Mu : le bois qui fait sursauter ; maillet du magistrat.

Kou Tou : se prosterner à genoux en frappant du front la terre.

Ling Chi : exécution dite « par mort lente ».

Qiu : prisonnier.

Ren : sens de l'humanité.

Shi Po : nom de plume de l'auteur des *Affaires parallèles résolues à l'ombre du poirier.*

Tang Yin Bi Shi : *Affaires parallèles résolues à l'ombre du poirier* ou *Affaires parallèles résolues par d'éminents juges.*

Wu : erreur involontaire.
Wu Fa Zhi Fa : la loi sans les lois.
Wu Si : les Cinq Expressions.
Wu Wei : la non-intervention, le non-agir.
Wu Xing : les Cinq Châtiments.

Yi : la justice.
Yi Yu Ji : *Recueil des affaires difficiles.*

You fa zhi ji gui yu wu fa ran yu wu fa bi xian you fa : « La possession de la règle revient à l'absence de règles, mais qui désire être sans règles doit d'abord posséder les règles. »

Yu : prison, procès.
Yu hou song san : offrir un parapluie après une averse.

Zhang : coup de bambou.
Zhe Yu Gui Jian : *Leçons tirées du passé pour juger des affaires judiciaires.*

Zui : délit, peine.

Privilèges du mandarinat civil et judiciaire

Premier ordre

– Les fonctionnaires du premier rang ont le titre d'*Excellence au renom éclatant, Guang lu da fu* 光祿大夫
– Les fonctionnaires du second rang ont le titre d'*Excellence au renom glorieux, Rong lu da fu* 榮祿大夫
– La dignité est héréditaire jusqu'à la troisième génération ;
– Le globule du premier rang est en pierre précieuse rouge ; celui du second rang, en corail.

Deuxième ordre

– Les fonctionnaires du premier rang ont le titre d'*Excellence à l'administration méritoire, Zi zheng da fu* 資政大夫
– Les fonctionnaires du second rang ont le titre d'*Excellence très respectable, Tong feng da fu* 通奉大夫
– La dignité est héréditaire jusqu'à la deuxième génération ;
– Le globule du premier rang est en pierre précieuse rouge, d'une texture mate ; celui du second rang, en corail ciselé en forme de fleur.

Troisième ordre

– Les fonctionnaires du premier rang ont le titre d'*Excellence d'une considération universelle, Tong yi da fu* 通議大夫

- Les fonctionnaires du second rang ont le titre d'*Excellence d'une considération ordinaire, Zhong yi da fu* 中議大夫
- La dignité est héréditaire jusqu'à la deuxième génération ;
- Le globule du premier rang est une pierre sphérique bleue ; celui du second rang est d'une dimension moindre.

Quatrième ordre

- Les fonctionnaires du premier rang ont le titre d'*Excellence de modèle ordinaire, Zhong xian da fu* 中憲大夫
- Les fonctionnaires du second rang ont le titre d' *Excellence considérée à la cour, Chao yi da fu* 朝議大夫
- La dignité ne va pas au-delà de la première génération ;
- Le globule du premier rang est en pierre précieuse d'un bleu obscur ; celui du second rang est en verre de même couleur.

Cinquième ordre

- Les fonctionnaires du premier rang ont le titre d'*Excellence dont la gestion impose le respect, Feng zheng da fu* 奉政大夫
- Les fonctionnaires du second rang ont le titre d'*Excellence dont la droiture mérite le respect, Feng zhen da fu* 奉真大夫
- La dignité ne va pas au-delà de la première génération ;
- Le globule est en cristal de roche.

Sixième ordre

- Les fonctionnaires du premier rang ont le titre d'*Honorable d'une vertu droite, Cheng de lang* 丞德郎
- Les fonctionnaires du second rang ont le titre d'*Honorable de la classe des lettrés, Ru lin lang* 儒林郎
- La dignité ne va pas au-delà de la première génération ;
- Le globule est une pierre précieuse d'un degré inférieur.

Septième ordre

– Les fonctionnaires du premier rang ont le titre d'*Honorable des lettrés, Wen lin lang* 文林郎
– Les fonctionnaires du second rang ont le titre d'*Honorable remplissant bien ses fonctions, Wei shi lang* 徵侍郎
– Le globule du premier rang est en or en forme de fleur ; celui du second rang, en pierre blanche.

Huitième ordre

– Les fonctionnaires du premier rang ont le titre d'*Honorable remplissant sa charge avec soin, Xiu zhi lang* 修織郎
– Les fonctionnaires du second rang ont le titre d'*Honorable en second qui remplit sa charge avec soin, Xiu zhi zuo lang* 修織左郎
– Le globule du premier rang est en or, en forme de fleur, plus petit que celui du septième ordre.

Neuvième ordre

– Les fonctionnaires du premier rang ont le titre d'*Honorable susceptible d'avancer, Deng shi lang* 登侍郎
– Les fonctionnaires du second rang ont le titre d'*Honorable en second susceptible d'avancer, Deng shi zuo lang* 登侍左郎
– Le globule est en cuivre doré.

Bibliographie

Le droit chinois

ALABASTER, Ernest, *Notes and Commentaries on Chinese Criminal Law,* Londres, 1899.

BALAZS, Étienne, *Le Traité juridique du Souei-chou,* Bibliothèque de l'Institut des hautes études chinoises, vol. IX, Leyde, 1954.

–, *La Bureaucratie céleste ; recherches sur l'économie et la société de la Chine traditionnelle,* Paris, Gallimard, coll. Tel, 1968.

BÜNGER, Karl, *The Punishment of Lunatics According to Classical Chinese Law*, Studia Serica, vol. IX, 1950.

–, *Über die Verantwortlichkeit der Beamten nach klassischem chinesischem Recht*, Studia Serica, vol. VI, 1947.

–, *Quellen zur Rechtsgeschichte der Tang Zeit*, Monumenta Serica, Monograph IX, 1946.

ESCARRA, Jean, *Le Droit chinois. Conception, évolution, institutions législatives et judiciaires*, Pékin, 1936.

GERNET, Jacques, *L'Intelligence de la Chine, le social et le mental,* Paris, Gallimard, 1994.

ROTOURS Robert DES, *Traité des Fonctionnaires et Traité de l'Armée*, traduit de la Nouvelle histoire des Tang, Bibliothèque de l'Institut des hautes études chinoises, vol. VI, Leyde, 1947-1948.

TCHE-HAO, Tsien, *Le Droit chinois*, Paris, PUF, 1982.

VANDERMEERSCH, Léon, « Ritualisme et juridisme », in *Études sinologiques*, Paris, PUF, 1994.

Œuvres de Robert H. Van Gulik

Tous les romans de Robert H. Van Gulik ont été publiés par Christian Bourgois :

1950 : *The Chinese Maze Murders.* 1985 : *Le Mystère du labyrinthe.*
1951 : *The Chinese Bell Murders.* 1984 : *Le Squelette sous cloche.*
1956 : *The Chinese Gold Murders.* 1984 : *Trafic d'or sous les Tang.*
1957 : *The Chinese Lake Murders.* 1984 : *Meurtre sur un bateau-fleurs.*
1958 : *The Chinese Nail Murders.* 1985 : *L'Énigme du clou chinois.*
1958 : *The Lacquer Screen.* 1984 : *Le Paravent de laque.*
1959 : *The Haunted Monastery.* 1984 : *Le Monastère hanté.*
1959 : *The Red Pavilion.* 1983 : *Le Pavillon rouge.*
1960 : *The Emperor's Pearl.* 1983 : *La Perle de l'empereur.*
1962 : *Murder in Canton.* 1984 : *Meurtre à Canton.*
1963 : *The Willow Pattern.* 1983 : *Le Motif du saule.*
1963 : *The Given Day.* 1992 : *Le Jour de grâce.*
1965 : *The Phantom of the Temple.* 1985 : *Le Fantôme du temple.*
1965 : *The Monkey and the Tiger.* 1986 : *Le Singe et le Tigre.*
1966 : *Necklace and Calabash.* 1985 : *Le Collier de la princesse.*`
1967 : *Poets and Murders.* 1985 : *Assassins et poètes.*
1967 : *Judge Dee at work.* 1986 : *Le Juge Ti à l'œuvre.*

Essais et traductions

An English-Blackfoot Vocabulary based on material from the Southerns Peigans, mémoire de l'Académie royale des Sciences à Amsterdam, section Lettres, vol. XXIX, n° 4, 1930.

Urvási, a Drama of Kalidasa, traduit du sanscrit avec une introduction et une note critique, La Haye, 1932.

An English-Blackfoot Vocabulary based on Material from the Southerns Peigans, mémoire de l'Académie royale des Sciences à Amsterdam, section Lettres, vol. XXXIII, n° 2, 1934.

Hayagriva, the mantrayanic aspect of horse-cult in China and Japan, with an introduction on horse-cult in India and Tibet, Leyde, Brill, 1935.

Mi Fu on Inkstones, a translation of the Yen Shih, Pékin, Henri Vetch, 1938.

The Lore of the Chinese Lute ; an essay in ch'in ideology, Monumenta Nipponica Monographs, vol. 3, Tokyo, Sophia University, 1941.

Hsi K'ang and his Poetical Essay on the Lute, Monumenta Nipponica Monographs, vol. 4, Tokyo, Sophia University, 1941.

Collected works of the Chan master Tung-Kao, a loyal monk of the end of the Ming Period, Tchong-king, Commercial Press, 1944.

Dee Gong An, three murder cases solved by Judge Dee. An ancient Chinese Detective Story translated from the original Chinese, imprimé à compte d'auteur en 1200 exemplaires, Tokyo, 1949. *Trois Affaires criminelles résolues par le juge Ti*, Paris, Christian Bourgois, 1987.

Trifling tale of a Spring Dream. A Ming erotic story, published on the basis of a manuscript preserved in Japan, imprimé à compte d'auteur en 200 exemplaires, Tokyo, 1950.

Erotic Colour Prints of the Ming Period, with an essay on Chinese sex life from the Han to the Ch'ing dynasty, publié à compte d'auteur en 50 exemplaires, Tokyo, 1951.

De Boek Illustratie in het Ming Tijdperk (L'Illustration du livre au temps des Ming), La Haye, 1955.

Siddham ; an essay on the history of Sanskrit studies in China and Japan, International Academy of Indian Culture, 1956.

Chinese pictorial art as viewed by the connoisseur. Notes on the means and methods of traditional Chinese connoisseurship of picturial art, Serie Orientale Roma XIX, Rome, Istituto Italiano per il Medio ed Estrema Oriente, imprimé à 950 exemplaires, 1958.

Scrapbook for Chinese collectors. A Chinese treatise on scrolls and forgers, Shu Hua Shuo Ling, Beyrouth, Imprimerie catholique, 1958.

Sexual Life in Ancient China, Leyde, Brill, 1961. *La Vie sexuelle dans la Chine ancienne*, édité et traduit par Louis Évrard, Paris, Gallimard, 1971.

The Gibbon in China. An essay in Chinese Animal Lore, Leyde, Brill, 1967.

Sur Robert Hans Van Gulik

C. D. Barkman et H. De Vries, *Les Trois Vies de Robert Van Gulik, une biographie*, Paris, Christian Bourgois,1997.
Orientations, the Robert Hans Van Gulik Issue, vol. 12, n°11, Hong Kong, novembre 1981.

Table des affaires

1. A. *Le vice-président Xiang Minzhong démasque un criminel* 65
   B. *Qian Ruoshui découvre une jeune servante cachée* 66

2. A. *Cao Qu innocente une veuve* 68
   B. *Pei Jun obtient l'acquittement d'un époux* 69

3. A. *Cheng Hao interroge un vieux barbon* 70
   B. *Bing Ji met un enfant à l'épreuve* 71

4. A. *Li Chong rend un fils à son père* 73
   B. *Huang Ba blâme une sœur aînée* 74

5. A. *Ouyang Ye démasque un gaucher* 75
   B. *Qian Weiji et le bras droit du coupable* 76

6. A. *Shen Kuo, de la gorge et du larynx* 77
   B. *Li Nangong et le nez du criminel* 77

7. A. *Cheng Lin, à propos de poêles* 79
   B. *Qiang Zhi, à propos de rideaux* 80

8. A. *Une concubine et un petit officier empoisonnent M. Song* 81
   B. *Une jeune esclave empoisonne M. Guo* 82

9. A. *Murong Yanchao simule un vol* 84
   B. *Gao Qianzhi donne de faux espoirs à un voleur* 85

10. A. *Sun Fu fait décortiquer du riz* 86
    B. *Xu Yuan fait brûler un bateau* 86

11. A. *Ma Zongyuan et la détention provisoire* 88
B. *Wei Tao prouve qu'un homme est mort par accident* 88

12. A. *Le commandant Sang Yi garde sa palissade fermée* 90
B. *Su Qin est exécuté sur la place du marché* 91

13. A. *Gao Jie brandit une botte volée* 93
B. *Yang Jin retrouve la soie volée* 94

14. A. *Li Jie ordonne l'achat d'un cercueil* 95
B. *An Zhongrong adresse un blâme et abat quelqu'un* 96

15. A. *Su Cai intervient en faveur d'une sépulture commune* 97
B. *Jia Yan révoque un fonctionnaire qui n'observe pas le deuil* 97

16. A. *Zheng Zichan décèle des signes néfastes* 99
B. *Yan Zun et les pleurs suspects* 99

17. A. *Si Jing confond un serviteur de sa famille* 101
B. *Un subalterne diffame Pei Guang* 102

18. A. *Fu Jigui et les fèves retrouvées dans le gésier d'un poulet* 104
B. *Zhang Ju et les cendres retrouvées dans la bouche d'un cochon* 104

19. A. *Le préfet de Ding Zhou identifie une peau de bête* 106
B. *Le préfet de Cang Zhou fait acheter de la viande* 106

20. A. *Zhang Yunji accepte une affaire hors de sa juridiction* 108
B. *Pei Ziyun ordonne de prompts aveux* 109

21. A. *Wang Zhi refuse l'acquittement* 111
B. *Ma Liang commue une peine capitale* 112

22. A. *Zhang Yunji détecte l'odeur des oignons* 113
B. *Un prince fait tracer des idéogrammes sur des légumes* 113

23. A. *Lu Gongzhuo et la femme à qui on a coupé les mains* 115
B. *Bao Cheng et la vache à qui on a coupé la langue* 115

24. A. *Cui Yan enquête sur l'origine d'une fortune* 117
B. *Zhang Lu entre dans un tunnel* 118

25. A. *Du Hao et l'affaire du portrait détruit* 120
B. *Huang Ba fait exécuter trois hommes sans hésitation* 120
Wang Zun et le beau-fils incestueux 121

26. A. *Fu Jigui fait battre de la soie* 123
B. *Li Hui fait sortir le sel à coups de bâton* 123

27. A. *Le préfet de Yang Zhou fait fouetter une sorcière* 124
B. *Xue Xiang ordonne l'arrestation d'un marchand turc* 125

28. A. *Cheng Kan et le seuil de l'ennemi* 126
B. *Bi Zhongyou et la résidence du commandant* 127

29. A. *Fu Yong, sur les ablutions et les oreillers* 128
B. *Un officier de justice fait laver des socques de bois* 130

30. A. *Xu Zongyi déroule de la soie* 131
B. *Gao Fang compare des étoffes* 132

31. A. *Jiang distingue l'envers de l'endroit d'un document* 134
B. *Zhang Pin établit la différence entre l'encre rouge et l'encre noire* 135

32. A. *Hu Zhi réunit des voisins* 136
B. *Gao Rou observe la contenance d'un criminel* 136

33. A. *Le censeur fait suivre une vieille femme* 138
B. *Han Siyan réunit une foule de jeunes garçons* 139
Une autre affaire résolue par Han Siyan 139

34. A. *Liu Hang et le témoignage des voisins* 141
B. *Han Yi et le témoignage d'une nourrice* 142

35. A. *Yuan Ci fait fondre de l'or* 143
B. *Sun Bao fait peser des gâteaux* 144

36. A. *Le greffier Cheng Hao et l'ancienne monnaie* 146
B. *Wang Ju et le vieux document* 147

37. A. *Liu Gongzhuo force des cercueils* 148
B. *Lu Yuanying arrête un cortège* 148

38. A. *Liu Yun et le serviteur muet* 150
B. *Wang Han et la femme folle* 150

39. A. *Li Nangong et l'usage qu'on tire des ormes* 152
B. *Wang Chen et les fèves de* Pueraria *sauvage* 153

40. A. *Ou Yangying identifie deux fils coupables* 154
B. *Sun Changqing soupçonne un frère aîné de meurtre* 154

41. A. *Guo Gong distingue deux types d'erreur* 156
B. *Zhen Xiliang porte secours à un fonctionnaire qui a quitté son poste sans autorisation* 157

42. A. *Yin Zhongkan absout un homme qui a fait de fausses déclarations* 159
B. *Dou Can n'accorde pas son indulgence malgré un deuil* 160

43. A. *Xue Xuan et le drap coupé en deux* 161
B. *Fu Yong entraîne deux voleurs dans une course* 161

44. A. *Xiao Yan et la vache tuée par le tonnerre* 163
B. *Xiao Huaiwu utilise des informateurs* 164

45. A. *Zhang Zu cache une partie d'un faux document* 165
B. *Lang Jian distingue deux styles d'écriture* 166

46. A. *Bao Cheng fait battre un garde* 167
B. *Zhou Yu fait arrêter un officier* 168

47. A. *Fang Jie et la liste des victimes* 169
B. *L'empereur Wen Di et l'écriture du rebelle* 169

48. A. *Chen Fenggu et le voleur capturé* 171
B. *Hu Xiang et le voleur battu à mort* 171

49. A. *Un censeur égare une déposition écrite* 173
B. *Guo Yuan demande un autographe* 174

50. A. *Fan Wei prétend être l'héritier de Fan Zha* 175
B. *Han Ju étudie avec attention les enseignements de Deng Sixian* 176

51. A. *Yu Zhongwen convoque des troupeaux de vaches au tribunal* 177
B. *Gu Xianzhi relâche une vache* 178

52. A. *Zhang Sheng enquête autour d'un puits* 179
B. *Cai Gao reste sur la plage* 180

53. A. *Liu Shi brûle un prétendu cadavre* 181
B. *Gao Fang et le prétendu fou* 181

54. A. *Wang Nuo et la lettre anonyme* 183
B. *Li Zhiyuan se souvient d'un nom* 184

55. A. *Zhang Xichong se prononce au sujet d'un héritage* 185
B. *Zhang Qixian et l'échange des demeures* 186

56. A. *Wang Xun compare des sceaux* 188
B. *Yin Shu consulte d'anciens registres* 189

57. A. *Sun Deng compare des balles* 190
B. *Li Deyu fait modeler des morceaux d'or* 191

58. A. *Liang Shi prête de l'importance aux incantations magiques* 193
B. *Yuan Tuan et le moine libertin* 193

59. A. *Un officier de la cour refuse de condamner la femme d'un meurtrier* 195
B. *Kong Shenzhi et la mère injuriée* 195

60. A. *Sun Liang et la jarre de miel* 197
B. *Du Ya et la coupe de vin* 198

61. A. *Fu Long délibère sur le fait de briser les liens de famille* 200

B. *Le jeune empereur Wu définit le rôle de la belle-mère* 201

62. A. *Dai Zhou s'élève contre l'inégalité de deux châtiments* 203
B. *Xu Yugong, à propos des degrés d'implication* 204

63. A. *Un officier du tribunal remet en cause l'attribution d'un héritage* 206
B. *Le vice-ministre épargne l'exil à une mère de famille* 206

64. A. *Un officier trouve une tête bien emmitouflée* 208
Variante de l'affaire de la tête emmitouflée 209
B. *Zhang Yong et le turban du faux moine* 210

65. A. *Su Wuming fait ouvrir une tombe* 211
B. *Dong Xingcheng crie après un voleur d'âne* 213

66. A. *Wang Zeng conseille de consulter le registre des taxes* 214
B. *Le Maître des Travaux interprète un testament* 214

67. A. *Wei Gao enquête sur une fortune inexpliquée* 216
B. *Zhao He et le terrain hypothéqué* 217

68. A. *Liu Qing affiche une lettre anonyme* 219
B. *Chen Biao fête un prisonnier* 220

69. A. *Zhu Shouchang et l'homme soudoyé* 221
B. *Gong Xun et les quatre boucs émissaires* 222

70. A. *Liu Chonggui fait identifier un couteau* 223
B. *Sima Yue mène l'enquête au sujet d'un étui* 225

71. A. *Zhang Zu part à la recherche d'une selle* 226
B. *Yan Jimei repêche un panier* 226

72. A. *He Chengtian et la flèche d'un chasseur* 228
B. *Gao Rou et l'affaire du braconnage* 229

Achevé d'imprimer en mai 2002
dans les ateliers de Normandie Roto Impression s.a.s.
61250 Lonrai

N° d'impression : 020962
N° d'édition : 20807
Dépôt légal : mai 2002

Imprimé en France